Beiträge zur Berechnung von Lademasten

Von

Dipl.-Ing. Wilhelm Gütschow

Von der Technischen Hochschule

zu Danzig

zur Erlangung der Würde eines

Doktor-Ingenieurs

genehmigte

Dissertation

Referent: Professor Dipl.-Ing. Lienau

Korreferent: Geh. Reg.-Rat Professor Dr.-Ing. Krohn

Promotionstag: 28. Juni 1921

Springer-Verlag Berlin Heidelberg GmbH

1922

ISBN 978-3-662-24482-1   ISBN 978-3-662-26626-7 (eBook)
DOI 10.1007/978-3-662-26626-7

Die Notwendigkeit, die unproduktiven Betriebskosten so weit wie angängig herabzusetzen, fordert in der Schiffahrt möglichste Verkürzung der Hafenliegezeit. Die Dauer des Hafenaufenthaltes ist in erster Linie von der Güte der zur Verfügung stehenden Ladeeinrichtung abhängig. Wenn auch die landfesten Krananlagen den an Bord befindlichen Ladeeinrichtungen bei weitem überlegen sind, so sind die Schiffe doch in sehr vielen Fällen auf eigenes Ladegeschirr angewiesen; auch dieses sollte daher möglichst zweckmäßig ausgebildet sein.

Daß die Entwicklung des Ladegeschirres der Schiffe nur langsam vor sich geht, liegt zum großen Teile in den besonderen Verhältnissen der Seeschiffahrt begründet. Die während der Seereise auf das Schiff einwirkenden Naturkräfte und die im bewegten Schiff vorhandenen Massenkräfte erfordern eine viel stärkere Rücksichtnahme des Lieferers auf die von seinem Kunden gestellten Forderungen, als es sonst üblich ist: Die Werft ist von den Auffassungen der seemännischen Fachleute über das, was zweckmäßig ist, sehr erheblich abhängig. Der Ingenieur muß oft dem Seemann und im Zusammenhang damit die Wissenschaft und technische Erfahrung der Überlieferung das Feld räumen.

Diese teilweise begründete Verschiebung und Überlappung der Einflußkreise genannter Berufszweige und die daraus sich ergebende Gewöhnung des Schiffbauingenieurs an den Verzicht auf rechnerische Erfassung vieler in seinem Tätigkeitsgebiet auftretenden Kräfte und Beanspruchungen hat dazu geführt, daß im Schiffbau die statische Berechnung weit mehr, als berechtigt ist, vernachlässigt wird, und daß in Fällen, wo die Berechnung durchaus möglich ist, gewohnheitsmäßig nach überliefertem Vorbild gearbeitet wird. Zu diesem Zustande haben auch die Vorschriften des Germanischen Lloyd beigetragen: Der Zwang, wegen der Schwierigkeit oder Unmöglichkeit zahlenmäßiger Berechnung der Schiffsverbandteile ihre Abmessungen in Tabellen auf Grund erfahrungsmäßiger Staffelung festzulegen, hat die Einführung von Tabellen für sämtliche Schiffsverbandteile veranlaßt und als Folge davon vielfach auch dort die theoretische Ermittelung von Materialstärken nicht aufkommen lassen, wo diese durchaus möglich ist.

So ist es denn auch erklärlich, daß das Ladegeschirr der Schiffe hinter den an Land vorhandenen Ladeeinrichtungen weiter, als die Bordverhältnisse bedingen, zurücksteht, und ebenso erklärlich ist es, daß der Rechnungsgang zur Ermittlung der in Lademast und Zubehör auftretenden Kräfte und Spannungen noch nicht einwandfrei gefunden ist. Sind diese Kräfteverhältnisse aber nicht bekannt, so können die für jede Einzelkonstruktion erforderlichen Abmessungen nicht richtig festgelegt werden: Es wird entweder zu stark oder zu schwach gebaut. Und ferner fehlt der allgemeine Überblick über die grundsätzlichen Vorteile und Nachteile der bisherigen Bauweise, mithin auch der Vergleichsmaßstab für die Bewertung einer Neuerung.

In vorliegender Arbeit sollen einige der auf dem Gebiete der Berechnung von Lademasten vorhandenen Lücken und Irrtümer nach Möglichkeit beseitigt und ferner Wege gezeigt werden, auf denen die Schwierigkeiten, die bisher der Mastberechnung entgegenstanden, umgangen werden können.

Es soll die übliche Bauart des im obersten Deck gehaltenen und durch Wanten und Stage abgefangenen Mastes untersucht werden. Der aus der statischen Unbestimmtheit des Systems von Mast und stehendem Gut sich ergebende Rechnungsgang ist kurz folgender: Der Hangerzug längt das stehende Gut und biegt den Mast aus; sind die Maße für Mast und Wanten bekannt oder vorläufig angenommen, so lassen sich aus den bekannten Beziehungen zwischen Kraft sowie Ausbiegung und Längung die auf Mast und Want entfallenden Kräfte und damit die bei ihrer Aufnahme eintretenden Beanspruchungen und weiter die erforderlichen Querschnitte ermitteln.

Zunächst muß also Größe und Richtung der ungünstigsten, im Ladebaumhanger auftretenden Kraft gefunden werden. Sodann soll untersucht werden, ob die bisherigen Rechnungsverfahren die beim statisch unbestimmten System erforderliche Genauigkeit ermöglichen; im Anschluß daran soll ein durch ein Rechnungsbeispiel erläuterter Weg gezeigt werden, für jede beliebige Hangerrichtung die Mast- und Wantbeanspruchungen und -abmessungen zu finden. Und schließlich werden Vorspannung und Eigengewicht des stehenden Gutes, die ja meist vernachlässigt werden, in ihrem Einfluß auf die Mastkräfte untersucht werden.

Für die Ermittlung des Hangerzuges müssen die verschiedenen gebräuchlichen Ladeverfahren untersucht werden. Die Arbeit von Meyer[1]) gibt hierüber ausführliche Auskunft; es genügt deshalb, hier darauf hinzuweisen, daß entweder mit einem Ladebaum, der durch Geeren von der Mittschiffs- zur Außenbordlage geschwenkt wird, oder mit zwei gekuppelten Ladeseilen, die zu je einem durch Geeren fetsgehaltenen Mittschiffs- und Außenbordsbaum führen, gearbeitet wird, und daß die gekuppelten Bäume mit ihren Hangern und Geeren ganz erheblichen Zusatzkräften unterliegen.

Der Hangerzug wird für einfache Bäume in bekannter Weise aus dem Kräfteplan ermittelt; es ist gleichgültig ob der in Baumrichtung wirkende Seilzug, der bis zu etwa 5% größer sein kann als die Last, in den Kräfteplan einbezogen wird, oder nachher zur Druckkraft im Baum hinzugezählt wird. Ist für einen Baum in beliebiger Lage die Baumkraft ermittelt, so bleibt sie für alle übrigen Lagen des Baumes die gleiche, die Hangerkraft dagegen nimmt zu, je weiter der Baum abgefiert wird. Denn das Kräftedreieck ist dem von Mast, Baum und Hanger gebil-

---

[1]) S. Quellennachweis.

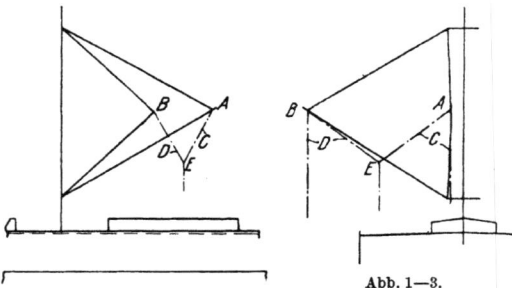

Abb. 1—3.

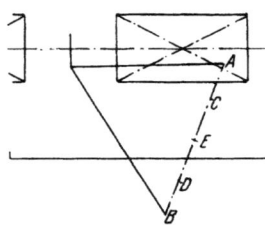

deten Dreieck ähnlich, und da die dem senkrechten Mast parallele Last die gleiche bleibt, muß auch die dem Baum parallele Baumkraft für verschiedene Baumlagen gleich groß sein; die Kraft im Hanger nimmt dagegen entsprechend seiner Länge zu.

Um die an gekuppelten Bäumen auftretenden Kräfte untersuchen zu können, muß der Ladevorgang näher betrachtet werden. An den beiden Ladeseilen C und D (Abb. 1—3), die über die Baumnocken A und B führen, ist ein Ladehaken E angebracht. Soll aus dem Schiff gelöscht werden, so holt C die Last herauf; dabei wird die Lose von D durchgeholt. Ist die Last genügend weit über Deck, oder ist C zu Blocks geholt, so wird durch weiteres Hieven von D die Last nach B hinübergeholt. Je nach der verfügbaren Höhe und dem Abstande der beiden Baumnocken voneinander wird während des Herüberholens oder erst später, mit D auch C gefiert. Der größte von C und D in der Mittellage gebildete Winkel darf nicht größer als 120° sein, weil sonst der im Seil auftretende Zug größer wird als der bei senkrecht wirkender Last, für den Seil und Winde berechnet sind. Wird C und D nur mit einer Winde aufgeholt, und zwar C auf der Trommel, D auf dem Spillkopfe, so wird bei schwereren Lasten der erreichbare Winkel von C und D erheblich kleiner sein, weil der nur durch Reibung auf den Spillkopf ausgeübte Seilzug

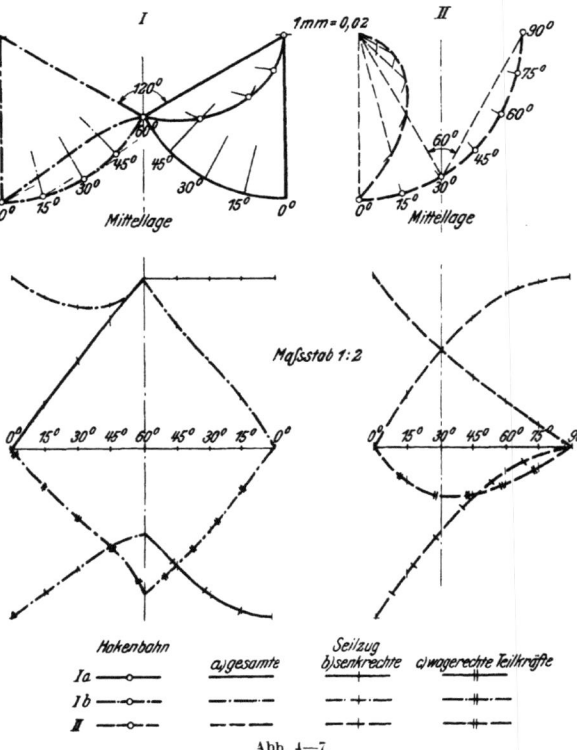

Abb. 4—7.

nicht entsprechend der Last gesteigert werden kann. Für den unteren Grenzfall, daß D gar nicht hieven, der Spillkopf also nur zum Durchholen der Lose und zum Abfieren benutzt werden soll, ist der von C und D in der Mittellage gebildete Winkel 60°, wenn C ganz zu Blocks geheißt wird; sonst ist er noch kleiner.

Über die bei der Querbewegung des Lasthakens auftretenden Seilkräfte sowie die hierbei sich ergebenden Seilbahnen geben die Abb. 4—7 Aufschluß, bei deren Aufstellung folgende Fälle angenommen wurden:
I. C und D bilden in der Mittellage einen Winkel von 120°.
  a) Mit C und D wird so gearbeitet, daß bis zur Mitte in C, von da ab in D immer ein der Last gleicher Zug wirken soll. Wie die aus dieser Forderung sich ergebende Bahn von E zeigt, wird die Last nur mit C ganz vorgeheißt; dann heißt D, während C fiert, bis beide Seile in der Mittellage den Winkel von 120° bilden. Von da ab tauscht D mit C.
  b) Mit C und D wird derart gearbeitet, daß E Kreisbogen, zunächst um A, dann um B beschreibt.
II. In der Mittellage bilden C und D einen Winkel von 60°, es soll — wie bei I — das Zublocksheißen und das Schwenken um die Baumnock untersucht werden. Die drei Strecken AB, AE, BE sind gleich; wird C ganz vorgeheißt, wobei die Lose von D durchgeholt wird, und dann C wieder abgefiert, so schwenkt E auf einem Kreisbogen um B. II stellt also nahezu eine Verbindung von I a und I b für den Winkel von 60° dar.

Die bei diesen drei verschiedenen Hakenwegen auftretenden wagerechten und senkrechten Teilkräfte von C und D sind im Schaubild 6 und 7 aufgetragen; die wagerechten Kräfte von C und D sind natürlich gleich. Ferner sind die von den beiden Seilen jeweils gebildeten Winkel sowie die Bahnen des Lasthakens eingezeichnet. Die Schaubilder beziehen sich auf die Bewegung des Seiles C aus der Senkrechten bis zur Mitte; rechts von der Nullinie sind die für C, links die für D gültigen Werte aufgetragen. Die behandelten Fälle sind nur einige von den zahlreichen denkbaren, sie genügen aber, um ein Bild von den auftretenden Kräften zu geben. Insbesondere geht aus den Schaubildern hervor, daß bei den behandelten Fällen die Seilkraft nie größer wird als die Last, und daß der wagerechte Anteil der Seilkraft in der Mittellage immer seinen Höchstwert erreicht.

Von den Abmessungen der Ladeeinrichtungen des einzelnen Schiffes, insbesondere Höhe des Mastes, Länge und Stellung der Bäume, Größe der Luken, ferner der Breite des Schiffes und schließlich von der Größe der Frachtgüter hängt es nun ab, wie hoch geheißt werden muß, damit die Ladung von Luke und Schanzkleid frei geht. Auch die in den verschiedenen Häfen herrschenden Gewohnheiten der Schauerleute sind von Einfluß auf die Art des Hievens und die dadurch beim Laden mit gekuppelten Bäumen auftretenden Kräfte.

Der mit Rücksicht auf die Beanspruchung von Seil und Winde festgesetzte Seilwinkel von 120° wird wohl praktisch nie erreicht werden; man wird immer mit kleineren Winkeln auskommen können. Es dürfte aber immerhin zweckmäßig sein sicherzustellen, daß der der Rechnung zugrunde gelegte Winkel nicht überschritten wird. Dies läßt sich dadurch leicht erreichen, daß die beiden Seilenden in einer Entfernung von $s = 0{,}5$ bis $1{,}0$ m von ihrer Verbindungsstelle durch eine Kette verbunden werden, deren Länge gleich $2s \cdot \sin\alpha$ ist, wenn 2α der gewählte Seilwinkel ist. Die Kette hängt durch, solange dieser Winkel noch nicht erreicht ist; wird sie steif, dann ist der Winkel gerade erreicht, und erhalten die Seile durch die Kette einen Knick, so ist der Winkel überschritten. Der Grenzwinkel für das Heißen kann also festgestellt werden.

Die Beanspruchung des Ladegeschirres ist nicht nur vom eben behandelten Spreiz der beiden Ladeseile, sondern auch von der Stellung des Baumes und ganz besonders von der Richtung der Geere abhängig. In Bild 8—17 sind die bei bestimmten Stellungen der beiden gekuppelten Bäume im äußeren Baum sowie seinem Hanger und seiner Geere auftretenden Kräfte ermittelt, und zwar für zwei verschiedene Geerenfußpunkte und für zwei verschiedene Hangerlängen. Der Rechnungsgang ist folgender:

Vom Seilzug wird die wagerechte Komponente mit dem Wert 1 untersucht. Dann können die hieraus zu ermittelnden in Baum, Hanger und Geere auftretenden Kräfte bequem mit den in üblicher Weise ermittelten Kräften aus dem senkrechten Seilzug zusammengesetzt werden. Die vom wagerechten Seilzug geweckten Kräfte werden folgendermaßen gefunden: Die Einheitskraft des Seilzuges erzeugt eine im Ladebaum auftretende Kraft und eine Mittelkraft M, die im Schnitt der von Einheitskraft und Baum einerseits, und andererseits von Hanger und Geere gebildeten Ebenen wirkt; diese Mittelkraft ist dann in die Hanger- und Geerenkraft zu zerlegen. Die Ermittlung der Ebenen und Richtungen dieser Kräfte erfolgt nach den bekannten Grundsätzen der darstellenden Geometrie. In Abb. 8—13 ist das Verfahren für einen der beiden Geerenfußpunkte ausführlicher dargestellt. Die für die vier verschiedenen Fälle a, b, d, e sich ergebenden Kräfte sind in Tabelle 1 zusammengestellt; hinzu-

Tabelle 1.
Ermittlung der Kräfte in Hanger, Baum und Geere für verschiedene Winkel zwischen den Ladeseilen.

Zu Abb. 8—13			cos 15° =0,966	sin 15° =0,259	Zus.	cos 30° =0,866	sin 30° =0,50	Zus.	cos 45° =sin 45° =0,707	Zus.	cos 60° =0,50	sin 60° =0,866	Zus.
Hanger 2—4	a	0,19		0,05	1,13	0,10	1,06	0,13	0,91		0,16	0,82
	b	2,26		0,59	1,67	1,13	2,09	1,60	2,38		1,96	2,52
	c	1,11	1,08		0,96			0,78		0,56		
Baum 1—3	a	1,96		0,51	1,61	0,98	1,97	1,38	2,18		1,70	2,27
	b	5,00		1,29	2,39	2,50	3,49	3,54	4,34		4,33	4,90
	c	1,14	1,10		0,99			0,80		0,57		
Geere (3)—4	a	1,80		0,47	0,47	0,90	0,90	1,27	1,27		1,56	1,56
	b	4,14		1,07	1,07	2,07	2,07	2,93	2,93		3,58	3,58
Zu Abb. 14—17												
Hanger 2—4	d	0,57		0,15	0,81	0,29	0,88	0,40	0,88		0,49	0,83
	e	1,94		0,50	1,16	0,97	1,56	1,37	1,85		1,68	2,02
	f	0,68	0,66		0,59			0,48		0,34		
Baum 1—3	d	2,12		0,55	1,65	1,06	2,05	1,50	2,30		1,84	2,41
	e	3,79		0,98	2,08	1,90	2,89	2,68	3,48		3,28	3,85
	f	1,14	1,10		0,99			0,80		0,57		
Geere (3)—4	d	2,19		0,57	0,57	1,10	1,10	1,55	1,55		1,90	1,90
	e	3,46		0,90	0,90	1,73	1,73	2,45	2,45		3,00	3,00

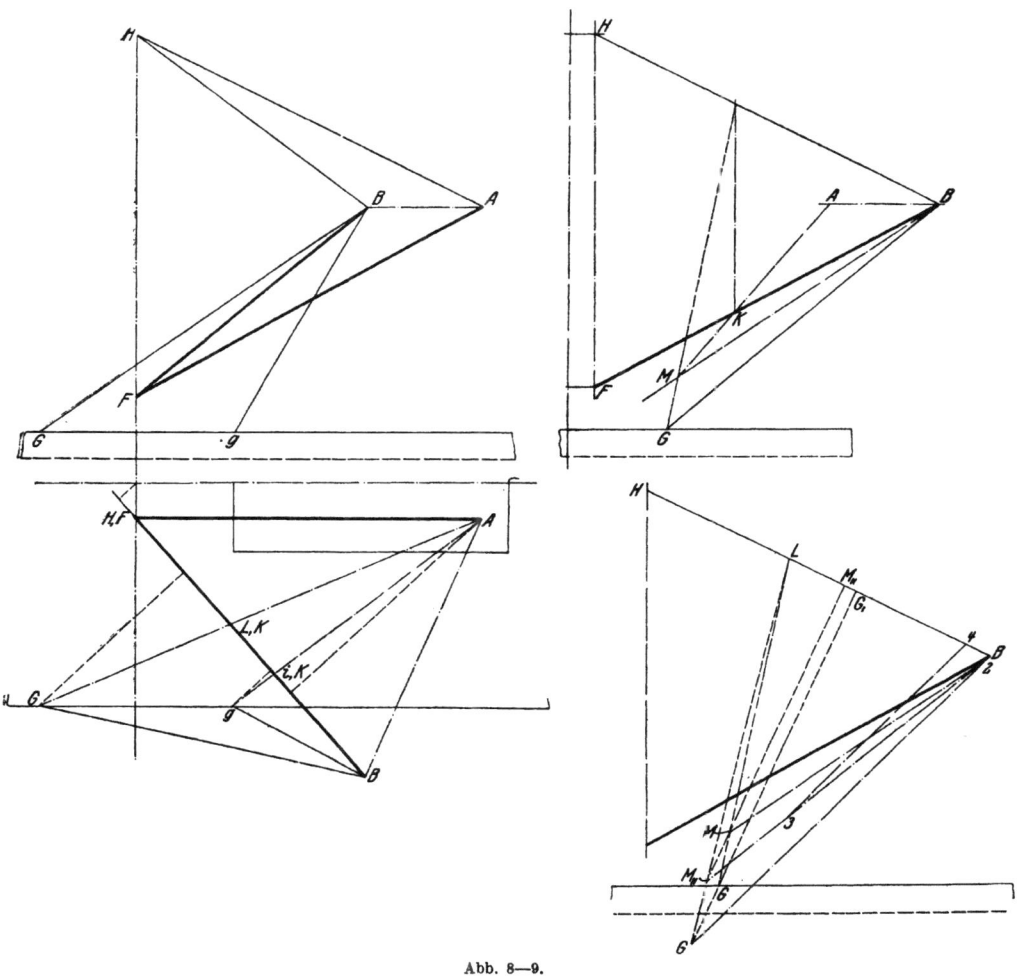

Abb. 8—9.

gefügt sind für verschiedene Seilwinkel 2α die wirklichen Baum-, Hanger- und Geerenkräfte. Die Ergebnisse sind in den Schaubildern 19 und 20 in Kurven aufgetragen; der Rechnungsgang ergibt sich ohne weiteres aus den beiden Tafeln, sowie Abb. 18. Aus den Schaubildern geht das starke Anwachsen der Kräfte bei zunehmendem Spreiz der Ladeseile hervor. Es ist ferner zu beachten, daß, je weiter der Geerenfußpunkt auf dem Schanzkleid zur Baumnock hin wandert, die auf den Hanger ausgeübte Zusatzkraft einmal wegen des abnehmenden Spreizes im Grundriß und ferner wegen des gleichzeitig im Aufriß wachsenden Spreizes zwischen Geere und Baum und der damit wiederum größer werdenden Geerenzugkraft ganz erheblich zunimmt. Je weiter der Geerenfußpunkt zum Baum hinwandert, um so mehr nähern sich die Baum-, Hanger- und Geerenkräfte unendlich großen Werten.

Die Wahl des Spreizes zwischen Baum und Geere, im Grundriß gesehen, ist auch bei richtiger Anordnung der Geerenfußpunkte insofern noch den Schauer-

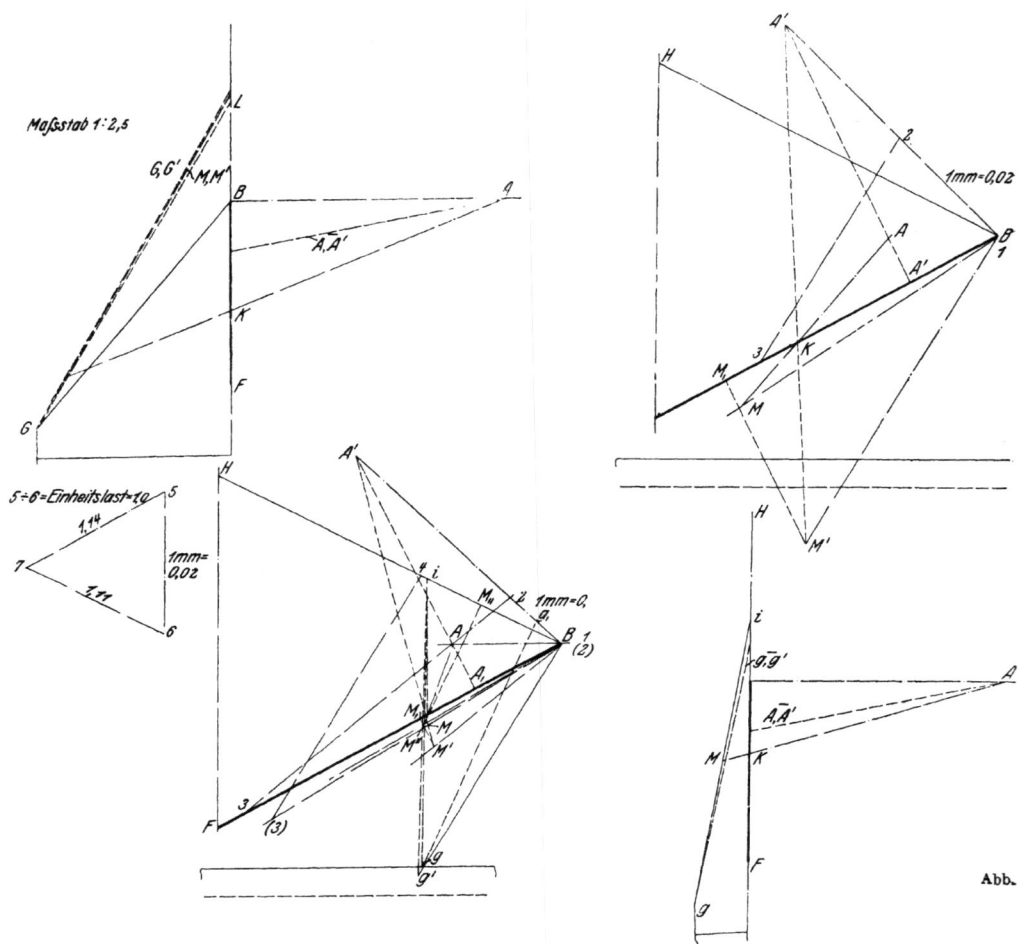

Abb.

leuten überlassen, als ihnen die Wahl der verschiedenen vorhandenen Fußpunkte freisteht; dabei wird leicht das zulässige Mindestmaß des Spreizes überschritten. Oft werden auch schon bei der Berechnung des Ladegeschirres diese ganz veränderten Beanspruchungen infolge der Geerenkraft nicht berücksichtigt sein. Auf jeden Fall liegt beim Arbeiten mit gekuppelten Bäumen eine Unsicherheit vor; vielfach hilft man sich durch Wahl größerer Sicherheit, wenigstens für die auf Knicken beanspruchten Bäume, die oft bis zu achtfach genommen wird. Da nun aber vergrößerter Hangerzug auch erhöhte Mast- und Wantenbeanspruchung bedeuten, müssen die Hangerkräfte auch für die Mastberechnung eingehend untersucht werden; und wenn auch nicht jedesmal die vorstehend angegebene Ermittlung angestellt zu werden braucht, so muß man sich doch wenigstens über die ungefähre Größe der Zusatzkraft in Hanger und Baum ein Bild verschaffen.

Nachdem nun der Weg zur Ermittlung der auf den Mast wirkenden Hanger-

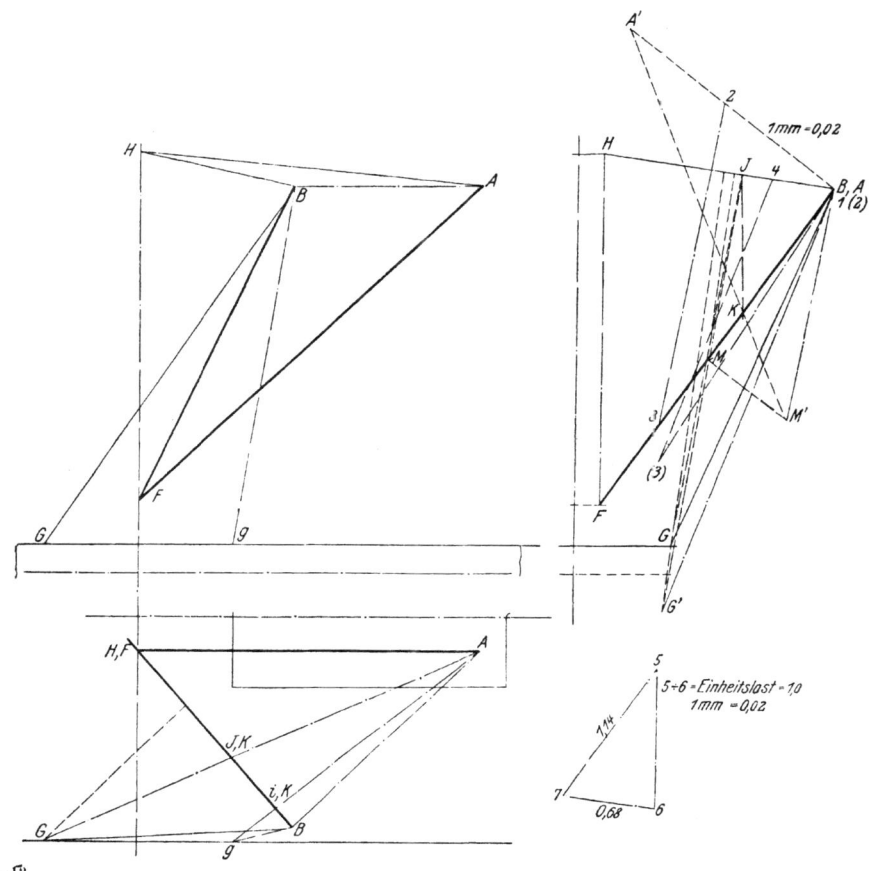

10—13.

kraft gegeben ist, soll untersucht werden, wie weit die bisherigen Rechnungsverfahren den Anforderungen an Genauigkeit, die ja bei statisch unbestimmten Systemen wegen der recht geringen Längenänderungen besonders groß sein muß, entsprechen. Dazu muß zunächst die bei der Mastberechnung erforderliche Genauigkeit ermittelt werden; wie groß diese sein muß, läßt sich unter gewissen Annahmen leicht zahlenmäßig feststellen.

Ist die Längung eines Zugmittels unter der Beanspruchung σ gleich Δl, dann ist

$$\frac{\Delta l}{l} = \frac{\sigma}{E} = \varepsilon, \quad \Delta l = l \cdot \varepsilon.$$

Von der Größe der spezifischen Längenänderung ε hängt also ab die Größe von $\frac{\Delta l}{l}$, somit auch das Maß der Genauigkeit, mit der Δl errechnet werden muß.

Soll es genügen, daß die tatsächliche Beanspruchung die als zulässig angenommene infolge von Ungenauigkeiten um nicht mehr als etwa $^1/_{10}$ ihres Wertes überschreitet, beispielsweise also statt 1000 kg/cm² höchstens 1100 betragen darf,

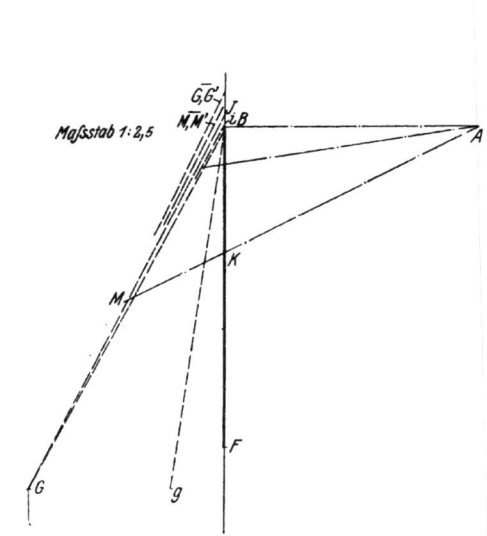

Abb. 14—17.

dann muß der Fehler von $\varDelta l$ kleiner sein als $\dfrac{\varDelta \cdot l}{10} = 0{,}1\, l \cdot \varepsilon$. Es kann also für die erforderliche Genauigkeit, d. h. den zulässigen Fehler, gesetzt werden: $G : l \lessgtr 0{,}1\,\varepsilon$. Diese Genauigkeit muß natürlich auch bei allen Zwischenrechnungen eingehalten werden. Das vorstehend Gesagte gilt sinngemäß auch für Druckstäbe.

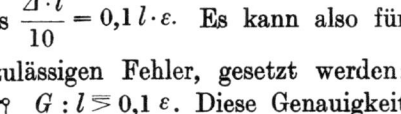

Abb. 18.

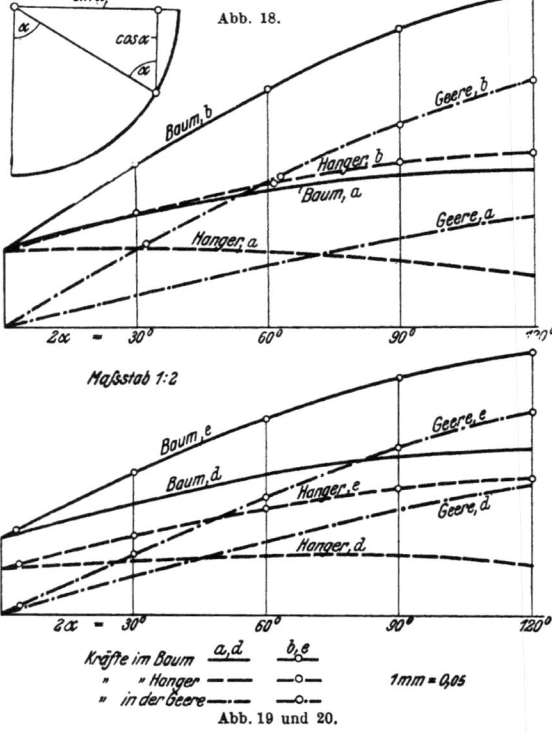

Abb. 19 und 20.

In Tabelle 2 sind nun für verschiedene Baustoffe die Werte von K_z, von σ bei etwa vierfacher, für einige Baustoffe auch noch bei größerer Sicherheit, ferner die Werte von E, ε und G/l angegeben. Für die Beanspruchungen von Flußeisen und Holz wurden wegen der aus der erforderlichen Knicksicherheit sich ergebenden niedrigen Druckbeanspruchung zwei Werte gewählt, bei Stahldrahtseilen, um die es sich hier ja hauptsächlich handelt, sollte der Einfluß verschiedener Werte von Bruchfestigkeit,

Sicherheit und Elastizitätsmodul auf die Höhe des Genauigkeitswertes gezeigt werden. Die Werte von K_z, σ und E wurden — unter teilweiser Abweichung von den üblichen Werten — so gewählt, daß die ε-Werte entsprechend dem recht roh angenommenen Verhältnis von G/l zu ε möglichst runde Zahlen ergaben.

Tabelle 2.
Genauigkeitswerte.

	1) Hanfseil	2) Stahldraht			3) Flußeisen		4) Guß-eisen	5) Holz (Kiefern)	
		a	b	c	a	b		a	b
k_z	300	1500	4500	4500	1100	220	420	45	180
Sicherh.	4	6–12	2–4	2–4	4	20	4	16	4
E	10 000	1 500 000	1 500 000	750 000	2 200 000	2 200 000	1 050 000	90 000	90 000
$\varepsilon = \dfrac{\sigma}{E}$	$3 \cdot 10^{-2}$	$1 \cdot 10^{-3}$	$3 \cdot 10^{-3}$	$6 \cdot 10^{-3}$	$5 \cdot 10^{-4}$	$1 \cdot 10^{-4}$	$4 \cdot 10^{-4}$	$5 \cdot 10^{-4}$	$2 \cdot 10^{-4}$
$G:l = 0{,}1\,\varepsilon$	$3 \cdot 10^{-3}$	$1 \cdot 10^{-4}$	$3 \cdot 10^{-4}$	$6 \cdot 10^{-4}$	$5 \cdot 10^{-5}$	$1 \cdot 10^{-5}$	$4 \cdot 10^{-5}$	$5 \cdot 10^{-5}$	$2 \cdot 10^{-5}$

Aus der Tabelle 2 ergibt sich, daß für niedrig beanspruchtes Flußeisen die G/l-Werte am kleinsten sind, die Genauigkeit somit am größten sein muß. Bei der Mastberechnung sind für den Mast die G/l-Werte für Flußeisen, für das stehende Gut die Werte für Drahtseil zu nehmen. Der Einfluß des Axialdruckes auf die Längenänderung des Maßes ist äußerst gering; es genügt daher, den Wert von G/l für das stehende Gut unter der Annahme, daß die Mastlänge sich durch den Axialdruck nicht ändert, festzulegen: er beträgt je nach Bruchfestigkeit, Sicherheit und Elastizitätsmodul etwa $1 \cdot 10^{-4}$ bis $6 \cdot 10^{-4}$. Der Einfluß verschiedener Größe dieser drei Festigkeitswerte auf die ganze Mastberechnung wird auf Seite 34 gezeigt werden.

Während nun die Festigkeitsrechnung unter Berücksichtigung der elastischen Formänderung recht große Genauigkeit verlangt, die je nach dem verwendeten Baustoff bis $1 \cdot 10^{-5}$ betragen muß, wird für die übrigen Rechnungen auf rein statischer Grundlage eine Genauigkeit genügen, die den angenommenen Wert $G/\varepsilon \cdot l = 0{,}1$ nicht erheblich unterschreitet; in den meisten Fällen ist jedoch eine Genauigkeit von 1—5% zu erreichen.

Wie eben gezeigt wurde, spielt der Elastizitätsmodul bei der Mastberechnung eine Hauptrolle; da aber über seine Größe bei Drahtseilen noch weit auseinandergehende Auffassungen herrschen, sei folgendes festgestellt: Nach neueren Untersuchungen[2]) weicht der Elastizitätsmodul für Drahtseile nicht sehr erheblich von dem des einzelnen unverseilten Drahtes ab. Die frühere auch im „Schiffbau"[3]) veröffentlichte Auffassung, daß das Verhältnis von Seil und Draht wie $0{,}36 : 1$ sei, bei $E^d = 2\,000\,000$ also $E^s = 720\,000$ sei, ist damit hinfällig. Dieses im Laufe der Jahrzehnte veränderte Verhältnis der beiden E-Werte wird seinen Hauptgrund in der verbesserten Herstellungsart der Drähte und Drahtseile haben. In Abb. 21 und 22 sind die Schaubilder für die E-Werte eines Aufzugseiles und seines Drahtes sowie die zugehörigen Angaben über das Seil nach Hirschland[4]) wiedergegeben; über Seile für stehendes Gut waren genaue Angaben nicht zu erhalten. Danach ist im Bereich der vierfachen Sicherheit für E der Wert 1 500 000 kg/cm² zu setzen, wie er auch schon in Tabelle 2 eingesetzt war.

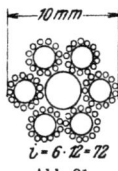

Abb. 21.

Nach diesen allgemeinen Feststellungen soll das übliche Mastberechnungsverfahren auf seine Genauigkeit untersucht werden. Bei diesem Verfahren wird angenommen, daß die Mastspitze infolge des Hangerzuges rechtwinklig zur ursprünglichen Mastachse um die Strecke d auswandert, Abb. 23. Dann ist, wenn $\Delta \alpha = 0$ ist, $\Delta l = d \cdot \cos \alpha$, und es ist die zum Längen des Wantes erforderliche Kraft $Z = f \cdot \sigma$. Da nach Seite 301 $\frac{\Delta l}{l} = \frac{\sigma}{E} = \varepsilon$, also $\sigma = \frac{\Delta l}{l} \cdot E$, ist $Z = f \cdot \frac{\Delta l}{l} \cdot E = f \cdot E \cdot \frac{d}{l} \cos \alpha$, und da $\cos \alpha = \frac{b}{l}$, ist $Z = f \cdot E \cdot \frac{d \cdot b}{l^2}$. Der wagerechte Anteil der Wantkraft ist

$$Q = Z \cdot \cos \alpha = Z \cdot \frac{b}{l} = f \cdot E \cdot \frac{d b^2}{l^3},$$

der in der Mastachse wirkende Anteil der Wantkraft ist

$$D = Z \cdot \sin \alpha = Z \cdot \frac{L}{l} = f \cdot E \cdot \frac{a \cdot b \cdot L}{l^3}.$$

Andererseits ist der vom Mast aufgenommene Anteil der wagerechten Hangerkraft $T = \frac{3 E \cdot J}{d \cdot l^3}$, und die gesamte wagerechte Hangerkraft ist $H = Q + T$. Dann sind für die drei Unbekannten Q, T und d drei Gleichungen vorhanden, aus denen die Unbekannten errechnet werden können.

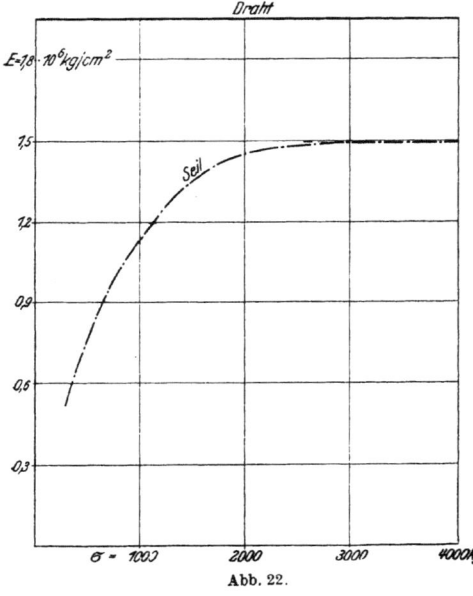

Abb. 22.

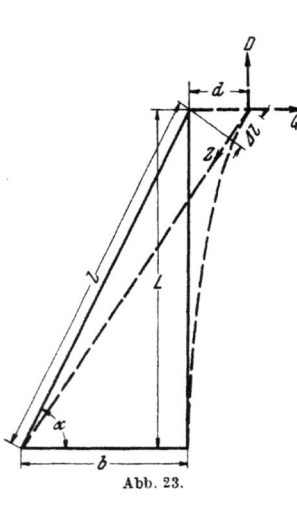

Abb. 23.

Es handelt sich zunächst nun um die Untersuchung, ob die über den Weg der Mastspitze und die Größe von $\Delta \alpha$ gemachten Annahmen zutreffen. Diese Untersuchung kann nur zahlenmäßig vorgenommen werden. Um den Weg der Mastspitze zu finden, muß der Verlauf der Biegelinie der Mastachse bei den üblichen Mastformen errechnet werden. Um Mittelwerte für die Mastdurchmesser D und Blechstärken s am Fuß, im Deck und an der Spitze zu erhalten, sind aus der Bauvorschrift des Germanischen Lloyd die für verschiedene Mastlängen vorgeschriebenen Mastdurchmesser am Fuß, im Deck und am Wantenangriff mit ihren Blechdicken ausgezogen; daraus sind Mittelwerte gebildet, die auf den Mastdurchmesser im Deck als den Einheitswert bezogen sind. Zusammengestellt sind diese Werte in Tabelle 3.

Beiträge zur Berechnung von Lademasten. 305

Das Mastprofil erhält unter Einhaltung der drei Hauptdurchmesser verschiedene Begrenzungslinien; diese sind:
1. Parabeln für Ober- und Untermast mit Scheitel im Deck;
2. Parabeln für Ober- und Untermast mit Scheitel auf 0,25 über Deck, bei einem Verhältnis von Unter- zu Obermast = 0,7;
3. gerade Linien mit Knick im Deck.

Tabelle 3.
Blechstärken der Masten nach G. Ll. 2.

Mastlänge in m	Am Fuß (F)			Im Deck (D)			Am Wantenangriff (W)		
	D_F	s	$s:D_D$	D_D	s	$s:D_D$	D_W	s	$s:D_D$
20	370	7,0	0,01400	500	8,0	0,01600	390	7,0	
25	460	8,0	0,01333	600	9,5	0,01591	490	8,0	wie bei F
30	535	9,5	0,01357	700	10,5	0,01500	580	9,5	
35	610	10,5	0,01313	800	12,0	0,01500	655	10,5	
	$\frac{D_F}{D_D} = \frac{1975}{2600} = 0,7596$	$\Sigma = 0,05403$		2600	$\Sigma = 0,06191$		2115	$\frac{2115}{2600} = 0,8135 = \frac{D_W}{D_D}$	
	$\frac{2s}{D} = \Sigma/2 \infty\, 0,027$			$\frac{2s}{D} = \Sigma/2 \infty\, 0,031$					

Die Materialstärken werden als gleichmäßig nach den Enden zu abnehmend angenommen; der Mast wird als nahtloses Rohr ohne Nietschwächung und ohne Verstärkung durch Längsnähte und Winkel betrachtet.

Für diese verschiedenen Mastformen werden nach dem Mohrschen Verfahren mit Hilfe der Simpsonschen Regel die Durchbiegungen an mehreren Punkten der Länge unter einer Einheitsbiegekraft ermittelt; aus diesen Ausbiegungen ergeben sich die einzelnen Biegelinien. Dem Mohrschen Verfahren liegt der Satz zugrunde, daß die Durchbiegung an irgendeinem Punkte eines belasteten Trägers gleich dem $\frac{1}{E \cdot J}$-fachen Werte des Momentes für diesen Punkt ist, das durch die gegebene

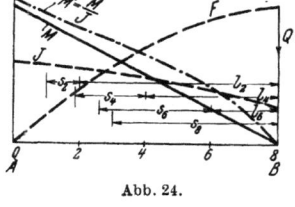

Abb. 24.

Biegemomentenfläche M als neue Belastungsfläche des Trägers erzeugt wird. Ist J veränderlich, so wird J durch das jeweilige J' und die M-Fläche durch die verzerrte M'-Fläche ersetzt. Ist AB (Abb. 24) der durch die Einzellast Q belastete Träger, so ist die M-Fläche ein Dreieck, die $\frac{M}{J'}$-Fläche eine den Querschnittsveränderungen entsprechend verzerrte Kurve. Für den Punkt 4 z. B. ist die Durchbiegung $d = \frac{s \cdot F}{E}$, wenn F der Inhalt der durch die verzerrte Momentenlinie zwischen Einspannung und Punkt 4 begrenzte Fläche und s der Abstand ihres Schwerpunktes von 4 ist. Hiernach sind nach Simpson für die drei erwähnten Mastformen, getrennt nach a) Obermast und b) Untermast, die Ausbiegungen für jedes Viertel der Länge errechnet; für Form 1a ist die Ausrechnung in Tabelle 4 gegeben, die übrigen Ausbiegungen sind in gleicher Weise ausgerechnet und in Tabelle 5 zusammengestellt. Dabei

Tabelle 4.
Errechnung der Ausbiegung für Mastform 1a.

1	2	3	4	5	6	7	8	
0	0,00	1,00	0,031	0,969	1,00000	0,88165	0,11835	1) n
1	0,00297	0,99703	0,0305	0,96653	0,98817	0,87269	0,11548	2) $\left(\dfrac{n}{8}\right)^2 \cdot 0,19$
2	0,01188	0,98812	0,0300	0,95812	0,95332	0,84271	0,11061	3) $1,0 - 2) = Da$
3	0,02672	0,97328	0,0295	0,94378	0,89726	0,79335	0,10391	4) $2s$
4	0,04750	0,95250	0,0290	0,92350	0,82311	0,72736	0,09575	5) $Da - 2s = Di$
5	0,07405	0,92595	0,0285	0,89745	0,73511	0,64869	0,08642	6) Da^4
6	0,10687	0,89313	0,0280	0,86513	0,63630	0,56018	0,07612	7) Di^4
7	0,14547	0,85455	0,0275	0,82705	0,53328	0,46787	0,06541	8) $Da^4 - Di^4$
8	0,19000	0,81000	0,0270	0,78300	0,43047	0,37588	0,05459	9) $\dfrac{1}{Da^4 - Di^4} = \dfrac{1}{8)}$

		9						
0	8,4495	$^1/_2$	4,2248	8	33,7984	$\dfrac{\sum m}{8\sum f} = 0,87959$	$d_2 = \dfrac{s \cdot F}{E} = 2,2769 \cdot 10^{-6}$	
1	7,5771	2	15,1542	7	106,0794	$- 0,75$		
2	6,7806	$^1/_2$	3,3903	6	20,3418	$s_2 = 0,12959$		
	$F = 38,654$	$\sum f$	22,7693	$\sum m$	160,2196			
2			3,3903		20,3418	$\dfrac{\sum m}{8\sum f} = 0,76943$	$d_4 = 8,4827 \cdot 10^{-6}$	
3	6,0148	2	12,0296	5	60,1480	$= 0,50$		
4	5,2219	$^1/_2$	2,6110	4	10,4438	$s_4 = 0,16943$		
	$F = 69,264$		40,8002		251,1532			
4			2,6110		10,4438	$\dfrac{\sum m}{8\sum f} = 0,67680$	$d_6 = 17,695 \cdot 10^{-6}$	
5	4,3393	2	8,6786	3	26,0358	$= 0,25$		
6	3,2782	$^1/_2$	1,6391	2	3,2782	$s_6 = 0,42680$		
	$F = 91,213$		53,7289		290,9110			
6			1,6391		3,2782	$\dfrac{\sum m}{8\sum f} = 0,62945 = s_8$	$d_8 = 28,750 \cdot 10^{-6}$	
7	1,9110	2	3,8220	1	3,8220			
8	0,0	$^1/_2$	0,0	0	0,0			
	$F = 100,484$		59,1900		298,0112			

Tabelle 5.
Ordinaten der Biegelinien für verschiedene Mastformen $\cdot 10^{-6}$.

Ordinaten	2	4	6	8	$\dfrac{2)}{8)}$	$\dfrac{4)}{8)}$	$\dfrac{6)}{8)}$
1a	2,2769	8,4827	17,695	28,750	0,07920	0,29505	0,61548
1b	2,2795	8,5197	17,867	29,193	0,07808	0,29184	0,61203
2a	2,2083	8,0018	16,407	26,482	0,08339	0,30216	0,61955
2b	2,3273	8,8486	18,695	30,612	0,07603	0,28906	0,61071
3a	2,3923	9,1055	19,186	31,637	0,07562	0,28781	0,60644
3b	2,4041	9,3526	19,574	33,022	0,07280	0,28322	0,59276
1a'	2,0221	7,9742	16,931	27,727	0,07293	0,28760	0,61065
konstantes J	1,630	6,520	14,670	26,081	0,0625	0,25	0,5625
Kreis	0,00125	0,0050	0,01125	0,02	0,0625	0,25	0,5625

ist für die Untermasten die gleiche Länge wie für die Obermasten zugrunde gelegt. Die zu Abb. 24 gehörenden Formeln sind in Tabelle 6 zusammengestellt.

Die so ermittelten Biegelinien können nur gelten, wenn der Baumfuß nicht am Mast angreift, also etwa an Deck gelagert wäre, wie es bei den Schwergutbäumen üblich ist. Der vom Baum ausgeübte wagerechte Druck wirkt dem wagerechten Hangerzuge in gleicher Größe in Lümmelhöhe entgegen und verringert dadurch

Tabelle 6.
Formeln zur Berechnung der Ausbiegung nach Mohr.

1) $M = P \cdot L = 1 \cdot L$;

2) $J = (Da^4 - Di^4) \cdot \dfrac{\pi}{64}$;

3) $M' = F = {}^2/_3 \sum f \cdot \dfrac{L}{8} \cdot \dfrac{64}{\pi} = \sum f \cdot \dfrac{16}{3\pi} = 1{,}69755 \cdot \sum f$;

4) $s = \dfrac{\sum m}{8 \sum f} - e$;

5) $d = \dfrac{s \cdot F}{E} = \dfrac{s \cdot \sum f}{E} \cdot \dfrac{16}{3\pi} = 1{,}69755 \dfrac{s \cdot \sum f}{E}$.

die Ausbiegung. Es ist daher nötig, den Einfluß dieses Baumdruckes auf die Ausbiegung zu untersuchen. Die Größe des Verhältnisses des wagerechten Baumdruckes zu der vom Mast aufgenommenen Hangerkraft ist von der stets verschiedenen Verteilung des wagerechten Hangerzuges auf Mast und stehendes Gut abhängig, irgendwelche festen Werte lassen sich daher nicht geben. Um jedoch eine Grundlage zur Nachrechnung zu haben, wird angenommen, daß die vom Mast aufgenommene Kraft $^1/_{10}$ der Gesamtkraft sei, ein Mittelwert, dessen Richtigkeit sich später noch ergeben wird. Für die Höhenlage des Baumfußes wird $^1/_8 L$ gewählt; das sind bei 16 m Mastlänge 2 m, etwa das übliche Maß. Da nach den Formeln zu Abb. 24 das in Deckshöhe auf den Mast wirkende Moment $= 1 \cdot L$ ist, so wird durch den Baumdruck dieses Moment um $^1/_8 \cdot 10 \cdot L = ^5/_4 L$ auf $- ^1/_4 L$ verringert; von diesem neuen Wert in Deckshöhe geht die Biegemomentenkurve geradlinig zur alten Ordinate in Höhe des Baumfußes, von wo aus sie den bisherigen Wert beibehält (Abb. 25). Entsprechend der neuen Biegemomentenkurve ändern sich auch die in Tabelle 4 für Mastform 1a angegebenen Werte für

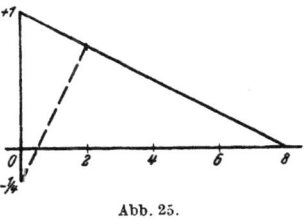

Abb. 25.

$\dfrac{1}{Da^4 - Di^4}$, mit denen die Zusammensetzung nach Simpson erneut durchzuführen ist. Dann ergeben sich die in Tabelle 5 unter 1a' aufgeführten Ausbiegungswerte; hinzugefügt sind noch die Ausbiegungen für einen zylindrischen Mast von durchweg gleicher Blechstärke und die Ordinaten eines Kreisbogens, dessen Endordinate $= 0{,}02 L$ ist, bei einem Obermast von 16 m Länge also einer Ausbiegung von 0,32 m entsprechen würde. Daneben sind die Zwischenordinaten der d-Werte ins Verhältnis zu ihren Endordinaten gesetzt. Man sieht, daß die Abweichungen in den Ordinaten nicht sehr erheblich sind; es dürfte somit berechtigt sein, die Biegelinien sämtlich als Kreisbögen anzusehen. Denn wenn dies zulässig ist, ergibt sich der große Vorteil, als Maßstab für die Mastausbiegung den Zentriwinkel des Biegungskreisbogens wählen zu können, mit dessen Hilfe die Koordinaten der ausgebogenen Mastspitze leicht zu errechnen sind. Die Länge des Bogens ist — unter Vernachlässigung der Zusammendrückung des Mastes durch die Axialkraft — gleich der Länge L.

Ob diese Annahme, daß die Biegelinie durch einen Kreisbogen zu ersetzen ist, auch bezüglich der Bogenlänge mit genügender Genauigkeit zutrifft, muß erst noch untersucht werden. Aus den Unterschieden der Zwischenordinaten und ihren Entfernungen wird die Länge der einzelnen Sehnen errechnet. Der Unterschied aus den Summen der zusammengehörigen Längen der einzelnen Sehnen wird zur Projektion k der Biegelinie ins Verhältnis gesetzt. Wird nun — nur für vorliegende Genauigkeitsermittlung — statt k die Länge L gesetzt, dann ist $k/4 = 0{,}25\,L$, so daß aus den d-Werten die Sehnenlängen leicht zu errechnen sind. Für die Mastformen 1a, 2a, 1a' und für den Kreisbogen sind die Ergebnisse in Tabelle 7 zusammengestellt; die unterste Reihe zeigt, daß für die flachste der vorkommenden Biegelinien, 2a, der Unterschied gegen die Kreissehnenlängen $2{,}2 \cdot 10^{-5}$, und für die am meisten gekrümmte Biegelinie 1a, bei dem sehr ungünstigen Ladebaumdruck, $0{,}6 \cdot 10^{-5}$ ist. Da nach Seite 7 die größte Genauigkeit für Drahtseile $6 \cdot 10^{-4}$ beträgt, ist der begangene Fehler weniger als $1/20$ so groß wie zulässig. Mithin ist auch die Annahme, die Biegelinie bezüglich ihrer Ordinaten und ihrer Länge durch einen Kreisbogen ersetzen zu können, durchaus einwandfrei Aus dieser Kreisbogenform der Biegelinie ergeben sich recht bequeme Beziehungen, aus denen die Koordinaten der Mastspitze als Funktionen des Zentriwinkels des Biegungskreises errechnet werden können. Diese Beziehungen sind aus Abb. 26 und den beigefügten Formeln zu ersehen.

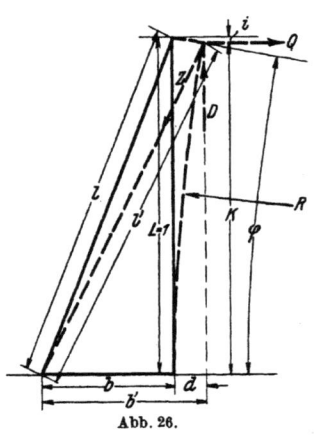

Abb. 26.

$$\text{arc } \varphi \cdot R = \text{Bogenlänge} = L = 1,$$
$$R = \frac{1}{\text{arc } \varphi},$$
$$g = R \cdot \cos \varphi,$$
$$d = R - g = R(1 - \cos \varphi),$$
$$k = R \cdot \sin \varphi,$$
$$i = 1 - k,$$
$$l = \sqrt{b^2 + 1},$$
$$l' = \sqrt{(b+d)^2 + k^2} = l + \Delta l.$$
$$\varepsilon = \frac{\Delta l}{l},$$
$$Z = E \cdot f \varepsilon,$$
$$D = Z \cdot \frac{k}{l'}\,;\ \varepsilon \cdot \frac{k}{l'} = \eta,$$
$$Q = Z \cdot \frac{b'}{l'}\,;\ \varepsilon \cdot \frac{b'}{l'} = \vartheta.$$

Tabelle 7.
Unterschiede der Sehnenlängen der Mastbiegelinien gegen die Kreissehnenlängen.

	1a	2a	1a'	Kreis
0—2	0,250005	0,250006	0,250003	0,250003
2—4	0,250040	0,250038	0,250032	0,250028
4—6	0,250080	0,250080	0,250088	0,250078
6—8	0,250118	0,250116	0,250133	0,250153
Σ	1,000243	1,000240	1,000256	1,000262
Untersch.:	0,000019	0,000022	0,000006	

Nach diesen Formeln ist für zwei Zentriwinkel die Ausrechnung vorgenommen, um auch den Einfluß der Veränderung des Winkels auf die von ihm abhängigen Werte feststellen zu können. Gewählt ist $\varphi = 2°$, wobei die Ausbiegung 0,01745 ist; als zweiter Winkel sind 6° genommen. Die Rechnung ist durchgeführt für die Werte von $b = 0,2\,L$ bis $2,0\,L$. Für die beiden Grenzwerte sind die Ergebnisse dieser genauen Ausrechnung mit denen der vereinfachten Berechnung nach den Formeln auf Seite 304 zusammengestellt (Tabelle 8).

Tabelle 8.
Vergleich der ε, ϑ, η bei $\varphi = 2°$ und $\varphi = 6°$, sowie bei genauer und bei angenäherter Ausrechnung für $\varphi = 2°$.

	b/L	$\varphi = 2°$			$\varphi = 6°$		
		ε	ϑ	η	ε	ϑ	η
1) genau	0,2	0,003301	0,000702	0,003226	0,009580	0,002023	0,009303
2) angenäh.	—	0,003356	0,000658	0,003291	—	—	—
1) : 2)	—	0,000984	1,000067	0,000980	1,000337	1,000410	1,000403
3) genau	2,0	0,006944	0,006222	0,003083	0,0 02062	0,001823	0,009033
4) angenäh.	—	0,006980	0,006241	0,003122	—	—	—
3) : 4)	—	0,000995	0,000997	0,000988	1,000103	1,000240	1,000239

Es zeigt sich, daß die Unterschiede zwischen der genauen und der angenäherten Rechnung im allgemeinen nur 2% betragen, eine Abweichung, die ja belanglos ist. Trotzdem sollen die genauen Werte weiter benutzt werden. Denn wenn einmal für mehrere Werte von b/L die Zahlenwerte von ε, ϑ und η ausgerechnet und in Kurven aufgetragen sind, lassen sich für jedes b/L die zugehörigen Werte abgreifen. Diese Werte von ε, ϑ und η geben Tabelle 9

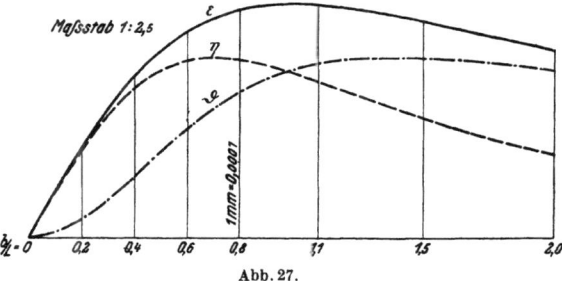

Abb. 27.

und Abb. 27 an. Tabelle 8 zeigt noch diese Werte für 6° Zentriwinkel und ihr Verhältnis zu den Werten bei 2° an; mit einer Ungenauigkeit von höchstens rund 4% stehen diese Werte in konstantem Verhältnis zu ihren Zentriwinkeln. Es lassen sich daher, wie zu erwarten, die von der Wantlängung abhängigen Kräfte unmittelbar zum Zentriwinkel ins Verhältnis setzen, so daß die für $\varphi = 2°$ ermittelten Werte von ε, ϑ und η auch für alle anderen Mastausbiegungen nach entsprechender einfacher Umrechnung gültig sind.

Tabelle 9.
Werte von ε, ϑ und η für $\varphi = 2°$ bei verschiedenen b/L.

b/L	ε	ϑ	η
0,2	0,003301	0,000702	0,003226
0,4	5954	2294	5494
0,6	7662	4033	6519
0,8	8445	5346	6538
1,1	8624	6427	5750
1,5	8000	6680	4402
2,0	6944	6222	3083

Die bisher angenommene feste Einspannung des Mastes im obersten Deck wird in den meisten Fällen nicht zutreffen; es soll daher noch der im obersten Deck freigeführte, bis auf den Doppelboden reichende Mast untersucht werden. Grundsätzlich ist die Ermittlung der Mastspitzenkoordinaten in gleicher Weise durchzuführen. Als Ausgangswert wird wieder der Zentriwinkel 2° genommen, von dem die Richtung der Tangente an den Mast im Deck abhängig ist. Dann ergeben sich folgende Beziehungen (Abb. 28):

$$T' \cdot L' = T \cdot L$$

$$d = \frac{Q \cdot L^3}{3 \cdot E \cdot J} \cdot \gamma,$$

$$d' = \frac{Q' \cdot L'^3}{3 \cdot E \cdot J} \cdot \gamma',$$

$$d' = d \cdot \frac{L'^2}{L^2} \cdot \frac{\gamma'}{\gamma}, \text{ also}$$

$$d' = \frac{d \cdot Q \cdot L \cdot L'^2}{3 \cdot E \cdot J} \cdot \gamma',$$

wenn γ und γ' die Verhältnisse der Mastausbiegungen von Ober- und Untermast bei veränderlichem Trägheitsmoment der Mastquerschnitte zur Ausbiegung bei gleichbleibenden Trägheitsmoment sind. Die Gleichungen für die Mastspitzenkoordinaten sind dann leicht abzuleiten.

Bekannt sind d, i und φ:

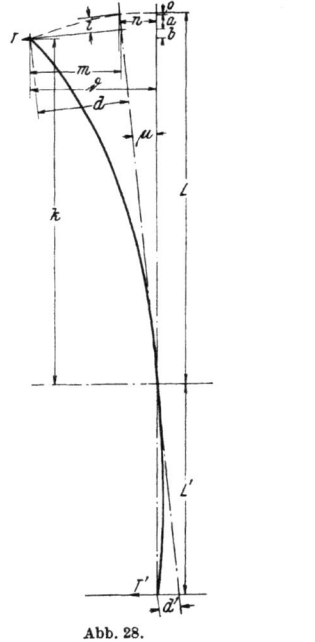

Abb. 28.

$$\operatorname{tg}\mu = \frac{d'}{L'} = \frac{d L'}{L^2} \cdot \frac{\gamma'}{\gamma},$$

$$m = d \cdot \cos\mu,$$

$$b = d \cdot \sin\mu,$$

$$c = i \cdot \sin\mu,$$

$$a = i \cdot \cos\mu,$$

$$n = d' \cdot \frac{L}{L'} = d \cdot \frac{L'}{L} \cdot \frac{\gamma'}{\gamma},$$

$$o = L(1 - \cos\mu),$$

$$\mathfrak{b} = m + n - c,$$

$$= d \cdot \cos\mu + d \cdot \frac{L'}{L} \cdot \frac{\gamma'}{\gamma} - i \cdot \sin\mu,$$

$$= d\left(\cos\mu + \frac{L'}{L} \cdot \frac{\gamma'}{\gamma}\right) - i \cdot \sin\mu,$$

$$k = L - (b + a + o),$$

$$= L - [d \cdot \sin\mu + i \cos\mu + L(1 - \cos\mu)],$$

$$= (L - i)\cos\mu - d \sin\mu.$$

Daraus ergeben sich, ähnlich wie vorher, die Werte für die Wantlängung: $\varDelta l = \sqrt{(b + \mathfrak{b})^2 + k^2}$, so daß auch für den im obersten Deck nicht fest eingespannten Mast die zahlenmäßige Ermittlung der Wantlängung und der hierbei auftretenden Kräfte möglich ist. Für die Werte von $b/L = 0{,}2$ und $2{,}0$ und für zwei Werte von $\operatorname{tg}\mu$ sind die Werte von ε zahlenmäßig untersucht; für $\operatorname{tg}\mu$ wurde genommen $\dfrac{L'}{L} = 0{,}7$ und $1{,}0$, $\dfrac{\gamma'}{\gamma} = 1{,}156$ entsprechend Unter- und Obermast von Mastform 1. Die wichtigsten sich hierbei ergebenden Zahlenwerte sind in Tabelle 10 zusammengestellt. Werden die neuen ε-Werte mit ε' bezeichnet, dann ergibt sich, daß das Verhältnis $\dfrac{\operatorname{tg}\mu}{\frac{\varepsilon'}{\varepsilon}-1}$ von $0{,}01745 = d:L$ um höchstens $2{,}4\%$ abweicht, also mit genügender Genauigkeit $= d:L$ gesetzt werden kann. Daraus folgt:

$$\varepsilon' = \varepsilon\left(1 + \frac{\operatorname{tg}\mu}{d/L}\right) = \varepsilon\left(1 + \frac{L'}{L}\cdot\frac{\gamma'}{\gamma}\right).$$

Für $L':L = 1{,}0$ ist noch für $\varphi = 6°$ die gleiche Rechnung durchgeführt; sie zeigt, daß mit weniger als 3% Abweichung auch hier wieder die ε sich wie die Zentriwinkel verhalten.

Tabelle 10.
ε' bei verschiedenen $\operatorname{tg}\mu$, b/L und φ.

φ	2°				6°		
$\operatorname{tg}\mu$	0,014120		0,020172		0,020172		
b/L	0,2	2,0	0,2	0,2	0,2	2,0	
ε'	0,005994	0,012530	0,007208	0,014935	0,021001	0,043977	$\dfrac{\varepsilon'\,6°}{\varepsilon'\,2°}$
ε	0,003301	0,006946	0,003301	0,006946	2,9136	2,9445	
$\dfrac{\operatorname{tg}\mu}{\varepsilon'/\varepsilon-1}$	0,017307	0,017565	0,017042	0,017538			
$\dfrac{\operatorname{tg}\mu}{\varepsilon'/\varepsilon-1}:\dfrac{d}{L}$	0,9918	1,0065	0,9766	1,0050			

Zu den bekannten Werten von ε läßt sich also für jedes beliebige $\dfrac{L'}{L}\cdot\dfrac{\gamma'}{\gamma}$ das ε' ermitteln; zur Errechnung von ϑ' und η' sind ϑ und η mit dem gleichen Verhältnis $\dfrac{L'}{L}\cdot\dfrac{\gamma'}{\gamma}$ zu multiplizieren.

Bei der Mastberechnung muß stets untersucht werden, welche Art der Masteinspannung zutrifft. Die beiden Grenzfälle werden nur selten vorliegen, so daß meistens ein Zwischenwert für ε, ϑ und η genommen werden muß.

Bei den bisherigen Rechnungen ist die vereinfachende Annahme gemacht, daß die Fußpunkte des stehenden Gutes in einer Höhe mit der Lagerung des Mastes liegen. Diese Annahme trifft in Wirklichkeit ja nicht zu. Es muß daher untersucht werden, wie sich ε mit der Höhenlage der Wantfüße ändert. Abb. 29 und die nebenstehenden Formeln geben die Beziehungen an, nach denen die zahlenmäßige Ermittlung vorgenommen werden kann.

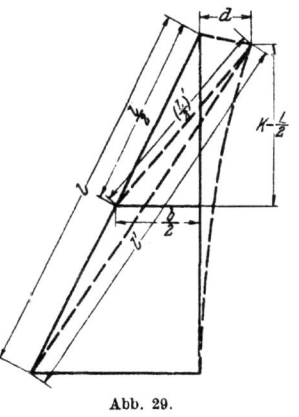

Abb. 29.

$$\left(\frac{l}{2}\right)' = \sqrt{\left(\frac{b}{2}+d\right)^2 + \left(k-\frac{L}{2}\right)^2},$$

$$\varepsilon = \frac{\left(\frac{l}{2}\right)'}{\frac{l}{2}} - 1, \qquad \vartheta = \varepsilon \cdot \frac{\frac{b}{2}+d}{\left(\frac{l}{2}\right)'}, \qquad \eta = \varepsilon \cdot \frac{k-\frac{L}{2}}{\left(\frac{l}{2}\right)'}.$$

Diese Ermittlung ergibt, wie Tabelle 11 für Verschiebung des Wantfußes auf halbe Masthöhe zeigt, daß ε sich mit dem Verhältnis der Mastlänge zum senkrechten Abstand des Wantfußes von der Mastspitze ändert, daß also auch diese Berichtigung sehr leicht durchzuführen ist; entsprechend ändern sich auch ϑ und η.

Tabelle 11.
ε bei veränderter Höhenlage des Wantfußes.

$b:L$	$\varepsilon°$	$0{,}5\,\varepsilon°$	ε	$\dfrac{0{,}5\,\varepsilon° - \varepsilon}{\varepsilon}$
0,2	0,006 674	0,003 337	0,003 301	1,1 %
2,0	0,013 904	0,006 952	0,006 946	0,09%

Es ist in vorstehendem nachgewiesen, daß sich aus den für verschiedene Werte von $b:L$ ermittelten Beiwerten ε, ϑ und η der Want- und Mastkräfte des eingespannten Mastes die den verschiedenen andersgearteten Verhältnissen entsprechenden Werte ohne viel Mühe mit hinreichender Genauigkeit umrechnen lassen. Ferner hatte sich ergeben, daß die übliche Art der Errechnung von Wantlängung und den sich aus ihr ergebenden Kräften hinreichend genaue Werte ergibt.

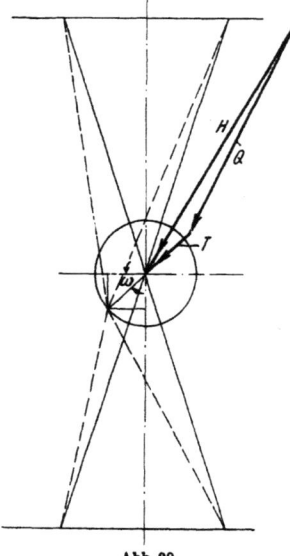

Abb. 30.

Auf einen beträchtlichen Fehler der bisherigen Mastberechnung muß aber hingewiesen werden; sie hat zur Voraussetzung, daß Hangerzug, Wantenzug und Mastbiegekraft in einer Ebene wirken. Dieses kann nur der Fall sein, wenn die quer zur Hangerebene wirkenden Wantkräfte sich aufheben, also in den Symmetrieebenen. Für alle anderen Fälle muß ein besonderes Verfahren angewendet werden. Hierbei wird nicht zu gegebenem Hangerzug die von Mast und von den Wanten aufgenommene Kraft ermittelt, sondern umgekehrt für eine nach Größe und Richtung bestimmte Mastausbiegung die zugehörige Wantenlängung bestimmt. Dann werden die zum Ausbiegen und zum Längen erforderlichen Kräfte in einem Kräfteplan zur Resultierenden, der wagerechten Hangerkraft, zusammengesetzt (Abb. 30). Im Verhältnis der tatsächlichen Hangerkraft zu dieser errechneten Hangerkraft ändern sich dann die Ausbiegung und Längung und die aus ihnen sich ergebenden Werte. Im einzelnen ergibt sich für dieses Verfahren folgender Weg:

Für einen beliebigen Winkel ω, den die Biegungsebene des Mastes mit der Längsschiffsebene bilde, werden die Entfernungen der Mastspitzenprojektion in Deckshöhe von den Wantfüßen ausgerechnet. Aus diesen Strecken, sowie den bereits ermittelten Koordinaten der Mastspitze in der senkrechten Ebene, lassen sich für die Wanten die erforderlichen Dehnungen und daraus in bekannter Weise die Werte von ε, ϑ und η ausrechnen. Werden diese Rechnungen für mehrere Winkel und für verschiedene Entfernungen von Want- zu Mastfuß ausgeführt, dann läßt sich aus der zum Zentriwinkel von $2°$ gehörenden Durchbiegung d und den den einzelnen Wanten und Stagen entsprechenden ϑ-Werten, die noch für die Wantfußhöhenlage zu berichtigen sind, die von jedem Seil unter vorläufiger Annahme seiner Stärke, seines Elastizitätsmoduls sowie der zulässigen Beanspruchung aufzunehmende wagerechte Hangerkraft entnehmen. Wird weiter aus den vorläufig angenommenen Mastquerschnitten unter Benutzung der für verschiedene Mastformen bereits gefundenen Einheitsdurchbiegungen die für die Ausbiegung d erforderliche wagerechte Kraft ermittelt, dann können die zum Ausbiegen des Mastes sowie die zum Längen der einzelnen Seile aufzuwendenden Kräfte zu einem Kräfteplane zusammengesetzt werden, der die zum Ausbiegen des ganzen Systems in Richtung von ω nötige Kraft nach Größe und Richtung angibt. Zur Ausrechnung des axialen Mastdruckes werden die η-Werte der einzelnen Wanten zusammengezählt; die hieraus errechnete Axialkraft wird zu den aus dem Hangerzug herrührenden Axialkräften addiert.

Zunächst sei wieder zahlenmäßig untersucht, in welcher Abhängigkeit von ω die nach ω veränderten Werte von ε stehen, um dann allgemeine Regeln für diese Abhängigkeit aufstellen zu können. Diese Rechnung sei wiederum für die Werte $b:L = 0,2$ und $2,0$ durchgeführt, und zwar soll ω um je $15°$ wachsen. Neben die errechneten ε-Werte sind die Zahlen geschrieben, die sich bei Multiplikation von ε mit $\cos \omega$ ergeben (Tabelle 12).

Tabelle 12.
ε bei verschiedenen ω.

ω	$b:L = 0,2$		$b:L = 2,0$	
	ε	$\varepsilon° \cdot \cos \omega$	ε	$\varepsilon° \cdot \cos \omega$
5°	0,003301	0,003301	0,006946	0,006946
15°	3186	3188	6708	6709
30°	2857	2859	6015	6015
45°	2319	2334	4913	4912
60°	1621	1651	3473	3473
75°	814	854	1794	1798
90°	52	0,000000	10	0,000000

Der Unterschied der Werte ist so gering, daß er vernachlässigt und ganz allgemein gesagt werden kann, daß die ε-Werte beim Drehen der ausgebogenen Mastspitze um den Winkel ω sich mit $\cos \omega$ ändern. In gleicher Weise ändern sich auch ϑ und η. ω ist natürlich immer von der Verbindungslinie des Wantfußes mit dem Mastfuß zu rechnen; hierauf ist bei der Ausrechnung der berichtigten Werte von ε, ϑ und η für die einzelnen Wanten und Stage zu achten.

Nachdem so der Weg zur Ermittlung der auftretenden Kräfte gezeigt ist, soll die Bestimmung der aus ihnen sich ergebenden Beanspruchungen erörtert werden. Diese Beanspruchungen sind: Biegung, Knickung und Druck und schließlich Drehung.

Biegung tritt auf durch die zum Ausbiegen des Mastes erforderliche Kraft, deren Größe aus der tatsächlichen Ausbiegung errechnet wird; Hebelarm ist die Mastlänge oberhalb des untersuchten Querschnittes. Ein weiteres Biegemoment tritt dadurch auf, daß die an der Mastspitze angreifenden senkrechten Druckkräfte infolge der Mastausbiegung mit dieser Strecke als Hebelarm ein Moment bilden. Schließlich kann Biegung noch dann eintreten, wenn die an der Mastspitze angreifenden Kräfte sich nicht in der Mastachse schneiden; das Moment dieser Kräfte — Exzentrizitätsmoment — ist über die ganze Mastlänge gleichbleibend.

Als Druck im Mast wirken die senkrechten Anteile der Wantkräfte sowie des Hangerzuges und ferner die in der senkrechten holenden Part des Hangers oder Lastseiles bzw. deren Flaschenzug vorhandene Kraft.

Drehmomente werden gebildet durch die wagerechten Kräfte, die nicht in der Mastachse angreifen.

Eine getrennte Untersuchung der durch die wagerechten und senkrechten Kräfte gebildeten Biegemomente ist nicht möglich, da beide sich gegenseitig beeinflussen und vom Verlauf der Biegelinie abhängig sind. Als Grundlage für die Untersuchung diene die Formel[6]):

$$M_x = \frac{Q}{\omega} \cdot \frac{\sin \omega (l - x)}{\cos \omega \cdot l},$$

in der

$$\omega = \sqrt{\frac{V}{E \cdot J}}$$

ist; ω ist im Bogenmaß zu messen.

Die Formel ist aufgestellt für gleichbleibendes J; bei wechselndem J, wie es bei Masten der Fall ist, ist ein mittleres J_m zu nehmen, das sich aus Tabelle 13 je nach Mastform zu 0,907 bis 0,790 J ergibt.

Tabelle 13.
Mittlere Trägheitsmomente bei verschiedenen Mastformen.

	Zylinder	1a	1b	2a	2b	3a	3b
$d \cdot 10^{-6}$	26,081	28,750	29,193	26,482	30,612	31,637	33,022
Jm/J	1,0000	0,9072	0,8934	0,9849	0,8520	0,8244	0,7898

Zu diesem Moment aus den senkrechten und wagerechten Kräften kann das Exzentrizitätsmoment ohne weiteres hinzugezählt werden; das Drehmoment wird mit den Biegemomenten nach der Formel[7]) zusammengefaßt:

$$Mi = 0{,}35\, M + 0{,}65 \sqrt{M^2 + (\alpha_0 M d)^2}\,; \qquad \alpha_0 = k b : 1{,}3\, K d\,.$$

Dieses neue Moment Mi wird nach Krohn[8]) mit der Axialkraft nach der Formel $\dfrac{P'}{F} + \dfrac{Mi}{W} = 1200$ kg/cm² zusammengezogen, in der P' die im Verhältnis von 1200 zu der von λ abhängigen zulässigen Knickspannung erhöhte Axialkraft ist. Diese Knickspannung ermittelt Krohn für den Bereich der Eulerschen und den der Tetmajerschen Knickformel gesondert aus den Formeln:

$$k = \frac{5000}{\lambda^2} \text{ (Euler)}; \quad k = 1{,}0 - 0{,}0052\,\lambda \text{ (Tetmajer)}.$$

Die hieraus sich ergebenden Werte von k sind in Abhängigkeit von $\lambda = \dfrac{l}{\sqrt{\dfrac{J}{f}}}$ in Abb. 31 aufgetragen, und zwar beiderseits über ihren Gültigkeitsbereich hinaus, um den Einfluß des Überschreitens der bei $\lambda = 105$ liegenden Grenze zu zeigen.

Eigenartig ist, daß die Eulersche k-Linie von der verlängerten Tetmajerschen noch einmal geschnitten wird; ob der Grund hierzu in unrichtigem Aufbau der nach Versuchsergebnissen aufgestellten Formeln liegt, soll hier nicht untersucht werden, besonders da so hohe Werte von λ kaum vorkommen. Sehr wichtig aber ist der große Unterschied der Werte von k nach Tetmajer und Euler im Tetmajerschen Bereich. Den λ-Werten, die bei Masten bis auf 50 heruntergehen, entsprechen Eulersche k-Werte von 2000 kg/cm², die also in der Nähe der Proportionalitätsgrenze liegen. Daß so hohe Werte nicht zulässig sind, liegt auf der Hand; es ist daher keineswegs angängig, nur nach der üblichen Eulerschen Formel zu rechnen. Eher könnte schon emp-

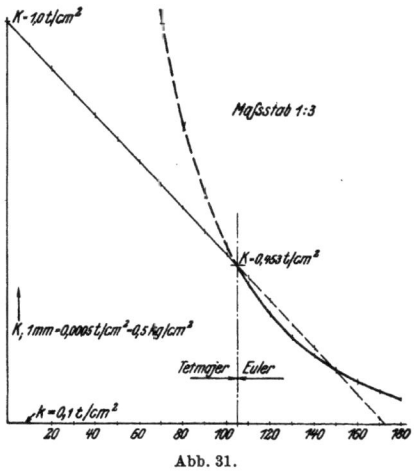

Abb. 31.

fohlen werden, der Einfachheit halber nur nach Tetmajer zu rechnen. Denn auch im Eulerschen Bereich behält die Tetmajersche Formel ihre Gültigkeit, wenn man den geringen Unterschied dieser Formeln vernachlässigt, der seinen Höchstwert mit weniger als 10% bei $\lambda = 125$ erreicht.

Nach diesen Untersuchungen kann die Berechnung eines Lademastes begonnen werden. Als Beispiel werde ein Mast mit einem 40 t-Baum, der seinen Fußpunkt auf dem Deck hat, und dessen Anordnung sich aus Abb. 32 ergibt, gewählt. Im Anhalt an Ausführungen sind für Fockstag und Backstag gleiche Querschnitte gewählt; bei den Wanten ist für jede Schiffsseite nach vorn und hinten nur je ein Want genommen. Denn es ist nicht richtig, die Wanten in früherer Weise gleichmäßig auf die verfügbare Länge zu verteilen; sie sind vielmehr mit möglichst großem Spreiz anzuordnen, d. h. in der größten zulässigen Längsschiffsentfernung. Ob dabei nur eins in jeder Ecke der Wantpyramide verwandt wird, oder je zwei halb so starke in der geringstmöglichen Entfernung, ist gleichgültig, wenn nur durch irgendeinen Ausgleich dafür gesorgt wird, daß beide gleichmäßig zum Tragen kommen.

In der Bemessung des Querschnittes der Wanten im Vergleich zu dem der Stage weichen die „bewährten" Ausführungen erheblich voneinander ab, von

$^1/_2$ bis auf 2, wobei die zur gleichen Ecke gehörenden Wanten zusammengezählt sind. Für das vorliegende Beispiel erhält jedes Want zunächst den Querschnitt der Stage.

Die ϑ-Werte werden vor Zusammensetzung zum Kräfteplan zweckmäßig nur mit dem Verhältnis der zugehörigen Seilquerschnitte multipliziert; dann ändert eine gemeinsame Querschnittsänderung nichts am Kräfteplan.

Nachdem für die ε, ϑ und η-Werte die Berichtigung für die durch Sprung und Aufbau verringerte Wantlänge durchgeführt ist, ergibt sich nach Annahme bestimmter Werte von k_z und E der Seile die zulässige Mastausbiegung d'; aus d'/d und $\Sigma\vartheta$ erhält man die von den nicht höher als mit k_z beanspruchten

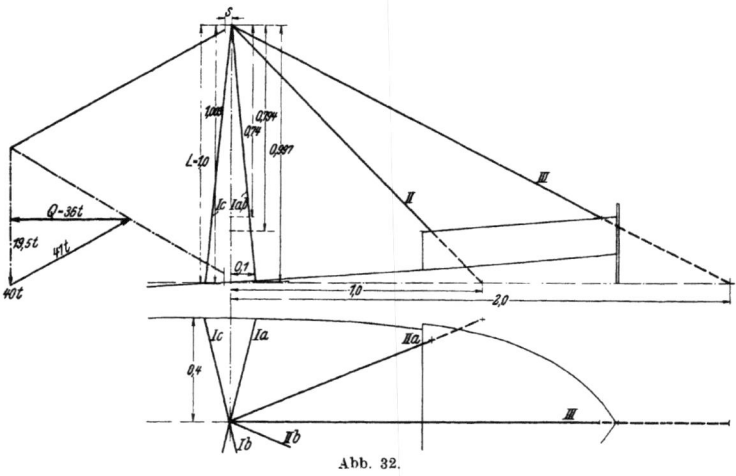

Abb. 32.

Seilen ausgeübte wagerechte Zugkraft beim Einheitsquerschnitt. Wird zunächst angenommen, daß der gesamte wagerechte Hangerzug von dem stehenden Gut allein aufgenommen wird, so ist aus dem Verhältnis der tatsächlichen Zugkraft zur Zugkraft für den Einheitsquerschnitt der Seilquerschnitt bestimmt. In der Außenbordlage wird der Hangerzug noch durch Krängung des Schiffes und den dabei auftretenden Geerenzug erhöht; doch soll der Übersichtlichkeit halber von der Berücksichtigung dieser Einflüsse abgesehen werden.

Es sei besonders darauf hingewiesen, daß zur Bestimmung der zulässigen Beanspruchungen und Ausbiegungen jedes Seil einzeln untersucht werden muß, und daß die Höchstbeanspruchung eines Seiles für die Ausbiegung des ganzen Systems maßgebend ist, daß aber für die Bestimmung der von den Seilen aufzunehmenden Hangerkraft und des von ihnen ausgeübten Mastdruckes die aus den Kräfteplänen sich ergebende Summe der Seilanteile nach Maßgabe ihrer Beanspruchung bestimmend ist.

Die aus dem eben skizzierten Rechnungsgang folgenden Formeln, die sich an die auf Seite 304 gegebenen anschließen, sind nachstehend angegeben.

Aus $Q = E \cdot f \cdot \vartheta$ folgt bei mehreren Seilen
$$Q = E \cdot f \cdot \textstyle\sum \vartheta;$$
daraus
$$f = Q \cdot \frac{1}{E \cdot \sum \vartheta} = \frac{Q}{k_z} \cdot \frac{\varepsilon'}{\sum \vartheta};$$
ferner ist
$$D = Q \cdot \frac{\sum \eta}{\sum \vartheta}.$$

Bei jedem einzelnen ω ist für ε' der jeweils größte Wert zu nehmen. $\sum \vartheta$ ergibt sich durch Zusammensetzen der einzelnen ϑ' zur Resultanten unter Berücksichtigung von Richtung und Querschnittsverhältnis (Abb. 33). Aus den Formeln für f und D ergibt sich die zunächst überraschende Tatsache, daß die Größe der Seilelastizität auf die Querschnittbemessung der Seile ganz ohne Einfluß ist, so-

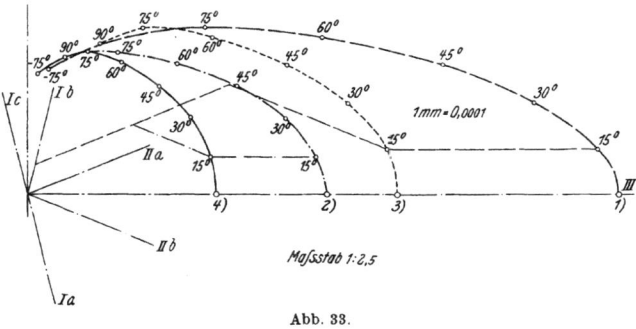

Abb. 33.

lange der Biegungswiderstand des Mastes vernachlässigt wird.

Wird nun zunächst die vom Mast aufzunehmende Last T nicht berücksichtigt, so ist Q gleich dem wagerechten Anteil der Hangerkraft, der sich aus dem Kräfteplan von Abb. 32 zu 36 t ergibt. Es ist die Seilprojektion b für Seil

I gleich $\sqrt{0{,}1^2 + 0{,}4^2} = 0{,}4123$,
II „ $\sqrt{1{,}0^2 + 0{,}4^2} = 1{,}0770$,
III „ 2,0.

Dann ergibt sich aus Abb. 27 unter Berücksichtigung der verschiedenen Höhen der Seilfüsse Tabelle 14. Nach Ermittlung der Werte von β für Want und

Tabelle 14. Berichtigung der Werte von ε, ϑ, η nach der Wantfuß-Höhenlage.

	ε	ϑ	η	Wantfuß-höhe	ε'	ϑ'	η'
I	0,00604	0,00240	0,00559	∞1,00	0,00604	0,00240	0,00559
II	0,00861	0,00637	0,00583	0,794	0,01083	0,00803	0,00734
III	0,00694	0,00622	0,00308	0,740	0,00938	0,00840	0,00416

Backstag (Tabelle 15) sind die Umrechnungen mit cos ω vorzunehmen, wobei zu beachten ist, daß bei den kleineren Werten von ω auch Want und Backstag der anderen Schiffsseite, und bei größerem ω das nach hinten zeigende Want mitträgt; die unteren bzw. rechten Hälften der Tabellen 16 und 17 geben die Werte aus diesen benachbarten Quadranten an. Die so ermittelten Werte von ϑ' für Seil I, II und III werden zu Kräfteplänen für die einzelnen ω zusammengesetzt, wobei zunächst gemäß S. 316 angenommen ist, daß alle Seile gleiche Querschnitte

Tabelle 15. Ermittlung der von Seilprojektion und Schiffsmittellinie gebildeten Winkel β.

	tg β	β
II	0,4 : 0,1 = 4,0	75° 58'
I	0,4 : 1,0 = 0,4	21° 48'

Tabelle 16. Errechnung von $\cos(\omega - \beta)$.

ω	I		II		III	
	$\omega - \beta$	$\cos(\omega - \beta)$	$\omega - \beta$	$\cos(\omega - \beta)$	$\omega - \beta$	$\cos(\omega - \beta)$
0°	− 75° 58'	0,241	−21° 48'	0,929	0°	1,000
15°	− 60° 58'	0,484	− 6° 48'	0,993	15°	0,966
30°	− 45° 58'	0,694	8° 12'	0,990	30°	0,866
45°	− 30° 58'	0,857	23° 12'	0,919	45°	0,707
60°	− 15° 58'	0,961	38° 12'	0,786	60°	0,500
75°	− 0° 58'	0,999	53° 12'	0,599	75°	0,259
90°	14° 2'	0,970	68° 12'	0,371	90°	0,000
− 75°	29° 2'	0,874	83° 12'	0,118	− 75°	—
15°	− 89° 2'	0,017	36° 48'	0,801		
30°	74° 2'	0,275	51° 48'	0,618		
45°	59° 2'	0,515	66° 48'	0,394		
60°	44° 2'	0,719	81° 48'	0,143		
75°	29° 2'	0,874				
90°	14° 2'	0,970				
− 75°	0° 58'	1,000				

Tabelle 17. Erweiterung von ε', ϑ', η' mit $\cos(\omega - \beta)$

ω	ε'		ϑ'		η'	
	I					
0°	0,00146	0,00146	0,00058	0,00058	0,00135	0,00135
15°	292	010	116	004	270	009
30°	419	167	167	066	387	154
45°	517	310	206	124	479	288
60°	581	434	231	173	536	401
75°	603	528	240	211	557	489
90°	586	586	233	233	541	542
− 75°	527	604	200	241	488	559
	II					
0°	0,00996	0,00996	0,00745	0,00745	0,00682	0,00682
15°	1075	869	798	643	730	588
30°	1072	670	795	496	726	453
45°	998	427	737	316	674	289
60°	852	155	631	115	577	105
75°	649		481		439	
90°	401		298		273	
− 75°	127		095		087	

ω	ε'	ϑ'	η'
	III		
0°	0,00938	0,00840	0,00416
15°	907	810	394
30°	812	726	352
45°	662	593	287
60°	469	420	208
75°	243	217	108
90°			
−75°			

haben sollen. Außer diesem Fall 1, daß der Querschnitt von Want zu Backstag zu Fockstag sich verhalte wie 1 : 1 : 1, werde noch

Fall 2   1 : 0,5 : 0,5,
„   3   1 : 1 : 0,
„   4   1 : 0,5 : 0 untersucht.

Abb. 33 zeigt die hieraus sich ergebenden Kräftepläne, Tabelle 18 die verschiedenen $\sum \vartheta$. Bei Fall 2—4 werden die ϑ'-Werte von Seil *II* und *III* mit dem zugehörigen Querschnittsverhältnis zu Seil *I* erweitert, bevor sie zum Kräfteplan zusammengesetzt werden. Werden nun gemäß der oben angegebenen Formel für f

Tabelle 18. Zusammenstellung der in Abb. 33 ermittelten $\sum \vartheta'$ und der hieraus errechneten Wantquerschnitte f/cm².

ω	$\sum \vartheta_1$	$\sum \vartheta_2$	$\sum \vartheta_3$	$\sum \vartheta_4$	f_1	f_2	f_3	f_4
0°	0,0225	0,0114	0,0141	0,0072	5,3	10,5	8,5	16,6
15°	218	111	138	71	5,9	11,6	9,4	18,2
30°	197	102	127	68	6,5	12,6	10,1	18,9
45°	166	90	111	65	7,2	13,1	10,7	18,3
60°	127	75	92	61	8,1	13,7	11,2	16,9
75°	92	63	77	58	8,5	12,5	10.2	13,5
90°	62	52	62	52	11,4	13,6	11,4	13,6
—75°	46	44	46	44	15,7	16,3	15,7	16,3
=I a	51	49	51	49	13,9	14,4	13,9	14,4

die jeweils größten, zum gleichen ω gehörenden Werte von ε' durch diese $\sum \vartheta$ dividiert und mit dem stets gleichen Wert $\dfrac{Q}{k_z} = \dfrac{36\,t}{3000\,\text{kg/cm}^2}$ multipliziert, dann ergibt sich der für das Want erforderliche Querschnitt, Tabelle 18; die Querschnitte der Stage bestimmen sich aus den jeweiligen oben festgelegten Querschnittsverhältnissen. Um einen Vergleich des Seilbedarfes für die vier Fälle

Tabelle 19. Seillängen.

Seil	l	Wantfußhöhe	l'
I	$\sqrt{1^2 + 0,4^2 + 0,1^2} = \sqrt{1,17} = 1,082$	1,0	1,082
II	$\sqrt{1^2 + 0,4^2 + 1^2} = \sqrt{2,16} = 1,470$	0,794	1,166
III	$\sqrt{1^2 + 2^2} = \sqrt{5} = 2,236$	0,740	1,652

zu erhalten, ist der erforderliche größte Seilquerschnitt mit der Summe aus Länge mal Querschnittsverhältnis der einzelnen Seile zu multiplizieren, Tabelle 19, 20; die Seilstärken nach der üblichen Bezeichnung des Umfanges in englisch Zoll gibt Tabelle 21 an. Den geringsten Seilbedarf haben Fall 2 und 3; danach können also die Stage erheblich schwächer als die Wanten sein. Durch weiteres Probieren mit anderen Querschnittsverhältnissen und anderen Seilfußpunkten ließe sich der absolut kleinste Seilbedarf ermitteln. Endgültig können die Seilquerschnitte aber erst festgelegt werden, nachdem die Berechnung des Mastes ergeben hat, welchen Anteil des Hangerzuges der Mast aufnimmt. Über den Verlauf der Werte von f und seinen Zwischenwerten in Abhängigkeit von ω gibt Abb. 34 Aufschluß.

Die η'-Werte aus Tabelle 17 werden einfach addiert, um $\Sigma \eta$ und daraus D zu erhalten (Tabelle 22).

Für die nun folgende Mastberechnung wird ein Mast angenommen, der die doppelte vom Germanischen Lloyd geforderte Blechdicke hat; die Rechnung

Tabelle 20. Erforderliche Seilmengen.

	$\Sigma l'$	ω	f_{max}	$\Sigma l' \cdot f$	Seilgewicht
1	8,31	∞ −78°	13,9	115,5	1,56 t
2	6,32	∞ −87°	14,4	91,0	1,23 „
3	6,66	∞ −78°	13,9	92,6	1,25 „
3	5,49	∞ 30°	18,9	103,6	1,40 „

Tabelle 21. Erforderliche Seilstärken; Seilumfänge in ″ engl.

	I		II	III
		Querschnitt		
		geford. / vorhanden		
1	$2 \times 5^{1}/_{4}''$	13,9 / 13,94	$2 \times 5^{1}/_{4}''$	$2 \times 5^{1}/_{4}''$
2	$2 \times 5^{1}/_{2}''$	14,4 / 15,24	$1 \times 5^{1}/_{2}''$	$1 \times 5^{1}/_{2}''$
3	$2 \times 5^{1}/_{4}''$	13,9 / 13,94	$2 \times 5^{1}/_{4}''$	—
4	$2 \times 6''$	18,9 / 18,08	$1 \times 6''$	—

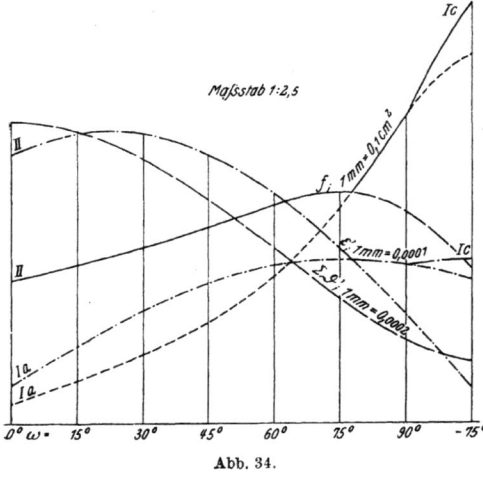

Abb. 34.

wird ferner durchgeführt für die drei- und vierfache Blechdicke und zwar für den im Deck eingespannten Mast mit gerader Erzeugenden nach Form 3a. Die Durchmesser im Deck werden zu 60, 75 und 90 cm gewählt. Bei der doppelten Blechdicke werden noch die Masten mit Form 1a und 2a untersucht; so läßt sich ein Bild über den Einfluß der verschiedenen Abänderungen gewinnen.

Die vom Wantenreck abhängige Ausbiegung der Mastspitze ist:

$$d' = d \cdot \frac{k_z}{\sigma} = d \cdot \frac{k_z}{E \cdot \varepsilon'}.$$

Hierbei ist d die Ausbiegung bei $\varphi = 2°$; für ε' wird der kleinste vorkommende Wert genommen, der sich beim Ausschwenken des Baumes bis in die Richtung

Tabelle 22.
Zusammenstellung der $\Sigma \eta$ und der hieraus errechneten Axialkräfte D.

ω	$\Sigma \eta_1$	$\Sigma \eta_2$	$\Sigma \eta_3$	$\Sigma \eta_4$	D_1	D_2	D_3	D_4
0°	0,02050	0,01160	0,01634	0,00952	32,8	36,6	41,6	47,6
15°	1991	1135	1597	938	32,9	36,8	41,6	47,6
30°	2072	1307	1720	1131	37,8	46,1	48,8	60,0
45°	2017	1393	1730	1249	43,6	55,7	56,1	68,1
60°	1827	1382	1619	1278	51,7	66,5	63,4	75,7
75°	1593	1320	1485	1266	62,4	75,5	69,3	78,7
90°	1356	1220	1356	1220	78,8	84,5	78,8	84,5
−75°	1134	1091	1134	1091	88,8	89,5	88,8	89,5
= Ia					∞ 87,0	∞ 87,0	∞ 87,0	∞ 87,0

des hinteren Wantes zu etwa 0,00570 ergibt, bei ω zwischen 75° und 90°. Aus der Beziehung zwischen Ausbiegung und Biegekraft:

$$T = \frac{3d \cdot E \cdot J}{L^3}.$$

folgt nach Einsetzen von γ, dem bereits auf S. 310 benutzten Werte für das Mastausbiegungsverhältnis bei veränderlichem gegenüber konstantem J,

$$T = \frac{3d \cdot E}{L^3 \cdot \gamma} \cdot J$$

Nach Einsetzen der Zahlenwerte wird

$$d = 0,01745 \cdot \frac{3000}{1,5 \cdot 10^6 \cdot 0,00570} = 0,00612;$$

bei 15 m Masthöhe ist dann $d = 9,18$ cm,

$$T = \frac{3 \cdot 9,18 \cdot 2,2 \cdot 10^6}{1500^3 \cdot 1,214} \cdot J = 0,0144 \cdot J.$$

Entsprechend den verschiedenen Trägheitsmomenten der einzelnen untersuchten Masten ergeben sich Werte für T, die von 1,85 t beim weichsten Mast bis auf 17,3 t beim starrsten Mast ansteigen. Da $H = Q + T$ ist, T aber zunächst vernachlässigt wurde, wird Q um T, also im Verhältnis $\frac{H-T}{H}$, kleiner werden; dementsprechend nehmen dann die erforderlichen Seilquerschnitte ab. An dem gegenseitigen Güteverhältnis der vier untersuchten Abstagungen ändert sich jedoch nichts. Mit abnehmendem Q werden natürlich auch die Werte von D in gleicher Weise kleiner; diese müssen also auch für jeden Mast berichtigt werden. Zu diesem aus der Abstagung des Mastes herrührenden Druck müssen noch die übrigen auf den Mast wirkenden senkrechten Kräfte hinzugezählt werden, um die senkrechte Gesamtkraft zu erhalten; diese Kräfte sind:

1. der senkrechte Anteil der Hangerkraft . . . . = 19,5 t
2. die Zugkraft in der holenden Part des Hangers oder des Lastseiles
$\frac{41}{8} \cdot \frac{1}{0,97^8}$ . . . . = 6,5 t
3. das Eigengewicht von Obermast rd. 10 t
und den Abstagungen   rd. 2 t
an der Mastspitze   2 t, in Deckshöhe . . . . . = 12,0 t
dazu D_{max} . . . . = 87,0 t

$V_{max} = 125,0$ t

Da nicht nur die Querschnitte in Deckshöhe, sondern auch noch auf $1/4$ und $1/2$ Höhe des Mastes untersucht werden, wird bei diesen $3/4$ und $1/2$ Mastgewicht eingesetzt.

Die konstanten Werte für $\omega l = l \sqrt{\dfrac{V}{E \cdot J}}$ ergeben mit $l = 15$ m und $E = 2,2 \cdot 10^6 : \omega \cdot = 1,011 \sqrt{\dfrac{V}{J}}$. Um die Umrechnung von $\omega \cdot l$, das in Bogenmaß zu messen ist, in $\dfrac{\sin \omega (l-x)}{\omega l \cdot \cos \omega l}$ zu erleichtern, sind in Abb. 35 die Werte von $\dfrac{\sin \omega l}{\omega l \cdot \cos \omega l} = \text{tg}\, \omega l$ für ωl von 0,0 bis 1,25 aufgetragen. Für die Querschnitte auf $^1/_4$ und $^1/_2$ Höhe sind die Werte $\sin \omega l$ noch eingetragen; durch Multiplikation von $\frac{\operatorname{tg} \omega l}{\omega l}$ mit $\frac{\sin \omega (l-x)}{\sin \omega l}$ ergibt sich $\frac{\sin \omega (l-x)}{\omega l \cdot \cos \omega l}$, d. i. der für $^1/_4$ und $^1/_2$ Höhe erforderliche Wert. Zur einfacheren Ausrechnung des auf S. 19 angegebenen Wertes für $Mi = 0{,}35\,M + 0{,}65\,\sqrt{M^2 + (\alpha \cdot Md)^2}$ ist in Abb. 36 der Wert für $\frac{Mi}{M}$ in Abhängigkeit von $\frac{\alpha\,Md}{M}$ angegeben; für jedes beliebige vorkommende Verhältnis $\frac{\alpha\,Md}{M}$ kann also Mi sofort abgegriffen werden. Da $\alpha = \frac{kb}{1{,}3\,kd}$ $= \frac{1200}{1{,}3 \cdot 900} =$ rd 1,0 ist, kann für die Abszissenwerte auch $\frac{Md}{M}$ genommen werden. Dann ergibt sich aus $\frac{Mi}{W}$ die auftretende Biegungsbeanspruchung des durch die Kräfte T und V belasteten Mastes.

Zu dieser Biegungsbeanspruchung wird dann die Druckbeanspruchung, die nach S. 314 zu ermitteln ist, hinzugezählt. Wenn auch strenggenommen diese von Krohn angegebene Beanspruchung nur im gefährlichen Knickquerschnitt — etwa in halber Höhe — auftritt, so soll doch der Einfachheit und Sicherheit

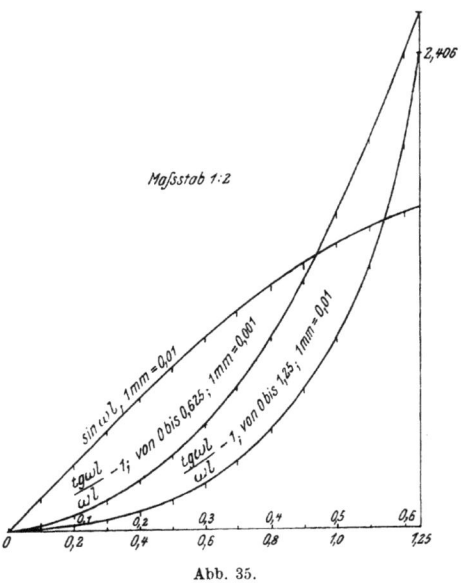

Abb. 35.

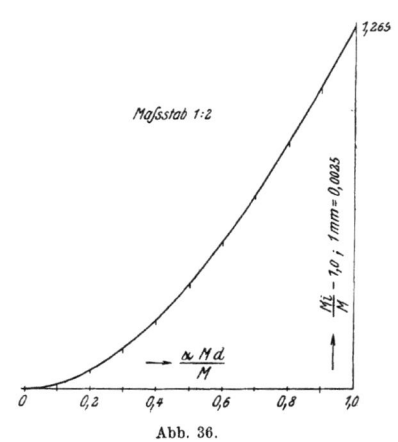

Abb. 36.

halber diese Rechnungsweise auch auf die anderen Querschnitte Anwendung finden, mit Ausnahme des Wantenangriffes, an dem ja von Knickung keine Rede sein kann. Es sei jedoch ausdrücklich festgestellt, daß durch Wahl der Krohnschen Knickungsberechnung noch kein Urteil über die verschiedenen Knicktheorien abgegeben sein soll. Es müßten vielmehr noch eingehende Untersuchungen angestellt werden, um eine richtige Knickberechnung für Masten zu finden.

Nach diesen Gesichtspunkten ist die Berechnung der verschiedenen Mastformen durchgeführt worden; die Ergebnisse sind in den Tabellen 23 und 24 zusammengestellt. Es zeigt sich allgemein, daß der kleinere Durchmesser dem größeren überlegen ist; die Spannungen sind bei jenem trotz des viel geringeren

Beiträge zur Berechnung von Lademasten.

Tabelle 23. Berechnung der Mastbeanspruchungen in Deckshöhe; Mastform 3a; doppelte Blechdicke.

Da/cm	60	75	90
s/cm	1,85	2,33	2,80
J/cm^4	142200	353000	729000
W/cm^3	4740	9410	16200
F/cm^2	339	527	766
i/cm	20,5	25,9	30,9
T/t	1,86	4,61	9,53
V/t	120,4	113,6	101,7
ω	0,931	0,576	0,378
$\dfrac{\operatorname{tg}\omega \cdot l}{\omega \cdot l}$	1,482	1,127	1,051
M/mt	41,4	78,0	150,2
$M_a : M$	0,392	0,208	0,108
$M_i : M$	1,048	1,014	1,004
Mi/mt	43,4	79,1	150,8
kb	916	840	931
$k_{zul.}$	611	698	747
k	699	370	214
Σk	1615	1210	1145

Tabelle 24. Zusammenstellung der Beanspruchungen bei verschiedenen Blechdicken, Durchmessern, Formen und Querschnittshöhen des Mastes.

Blechdicke		doppelt			dreifach			vierfach		
Mast-⌀/cm		60	75	90	60	75	90	60	75	90
Mastform 3 a; gerade Erzeugende										
Deck	kb	916	840	931	762	800	912	709	784	909
	k	699	370	214	381	240	158	348	178	90
	Σk	1615	1210	1145	1143	1040	1070	1057	962	999
$^1/_4$ Höhe	kb	1108	767	806	848	713	788	665	689	776
	k	751	398	230	524	261	141	386	193	97
	Σk	1859	1165	1036	1372	974	929	1051	882	873
$^1/_2$ Höhe	kb	800	582	602	611	547	592	540	520	577
	k	830	430	246	560	282	152	424	210	104
	Σk	1630	1012	848	1171	829	744	964	730	681
Spitze	kb	295	151	89	206	105	61	163	83	48
	k	456	274	164	306	178	102	229	130	69
	Σk	751	425	253	512	283	163	392	213	117
Blechdicke doppelt										
Mast-⌀/cm		60	75	90	60	75	90	60	60	60
Mastform		Parabel mit Scheitel						1 a		
		im Deck; 1 a			auf $^1/_4$ Höhe; 2 a					
Deck	kb	995	906	1006	1061	957	1101	516	1770	338
	k	690	368	208	682	363	202	701	664	695
	Σk	1685	1274	1214	1743	1320	1303	1217	2434	1033
$^1/_4$ Höhe	kb	895	795	841	865	740	861	Mast im Deck nicht eingespannt	$\varepsilon = 0,004$	$\varepsilon = 0,0005$
	k	726	390	216	696	372	209			
	Σk	1621	1185	1057	1561	1112	1070			
$^1/_2$ Höhe	kb	780	644	659	736	616	649			
	k	780	415	231	750	395	221			
	Σk	1560	1059	890	1486	1015	870			

Stoffaufwandes nicht viel größer als bei diesem, bei den größeren Blechdicken sind sie sogar geringer. Das kommt daher, daß die Ausbiegungskraft, also auch das Biegemoment, dem Trägheitsmoment, somit der 4. Potenz des Durchmessers, das Widerstandsmoment aber nur der 3. Potenz verhältnisgleich ist, die Biegungsspannungen also mit dem Durchmesser wachsen. Da aber die übrigen Spannungen, die vom axialen Biegemoment, dem Drehmoment und der Axialkraft herrühren, mit wachsendem Durchmesser abnehmen, so verwischen sich diese beiden Einflüsse bei der Gesamtspannung. Aus dem gleichen Grunde hat eine Vergrößerung der Blechdicke bei gleichem Durchmesser keinen Einfluß auf die Biegungsspannung, sondern nur auf die anderen Beanspruchungen.

Bei diesen Berechnungen ist der Mast als naht- und nietloses Rohr aufgefaßt worden; es muß nun noch untersucht werden, wie hoch im Stoß die Spannungen in Blech und Nieten sind. Da zeigt es sich, daß die Schwächung des Mastquerschnittes an den Stößen der Bleche keine nennenswerte Rolle spielt; es nimmt zwar das Trägheitsmoment des Querschnittes auf $0{,}85\,J$ ab, wenn in der gezogenen Faser das Blech auf $1/3$ Umfang um $1/4$ seines Querschnittes entsprechend 4 d-Nietteilung geschwächt wird. Da aber gleichzeitig der neue Flächenschwerpunkt um $0{,}16\,R$ wandert, wird für die gedrückte Faser $e = 0{,}84\,R$, d. h. $W = \dfrac{0{,}85\,J}{0{,}84\,R} \sim \dfrac{J}{R} = W$. Das Widerstandsmoment für die gedrückte Faser behält also seinen Wert bei; für die gezogene wird es zwar auf $\dfrac{0{,}85\,J}{1{,}16\,R} = 0{,}733\,W$ verringert. Dafür wirkt die Druckbeanspruchung aus der Axialkraft entgegen. Trotz der Nietschwächung wird daher eine gleich hohe Spannung wie in der gedrückten Faser erst erreicht, wenn $\dfrac{k_b}{0{,}733} - k = k_b + k$, oder $k = 0{,}18\,k_b$ wird. Liegt der Stoß nicht in der äußersten gezogenen Faser, so spielt die Nietschwächung eine noch geringere Rolle. Ungünstiger ist die Lage bei den Stoßnieten. Der Germanische Lloyd schreibt für die Stöße der Masten doppelte, bei Segelschiffen dreifache Nietung vor. Nun ist z. B. bei einem Blech von 15 mm mit 22 mm Nieten von 88 mm Entfernung der beanspruchte Querschnitt in der gedrückten Faser $= 13{,}2\,\mathrm{cm}^2$, von Mitte bis Mitte Niet; ein Niet hat unter Berücksichtigung seiner um etwa $1/5$ niedriger zu wählenden Spannung einen gleichwertigen Querschnitt von $3{,}04\,\mathrm{cm}^2$, es wären also mehr als 4 Nietreihen erforderlich. Wenn auch die Druckbeanspruchung aus der Knickkraft bei den Nieten auf den Wert $\dfrac{V}{F}$ herabgesetzt werden könnte, so reicht dreifache Nietung doch noch nicht aus. Es müßte hier und in vielen anderen Fällen vierfache Vernietung der Maststöße angewandt werden.

Nachdem nun für verschiedene im Deck fest eingespannte Masten die Spannungen bei festgelegtem k_z und E des stehenden Gutes errechnet sind, soll untersucht werden, wie sich die Verhältnisse ändern, wenn

1. der Mast im Deck nicht fest eingespannt ist, und
2. das Verhältnis k_z/E sich ändert.

Für 1. sind die vorbereitenden Untersuchungen bereits auf S. 310 angestellt; es ergibt sich: $d' = d \left(l + \dfrac{L' \cdot \gamma'}{L \cdot \gamma}\right)$; entsprechend ist die neue Ausbiegungskraft $T' = \dfrac{T}{t + \dfrac{L' \cdot \gamma'}{L \cdot \gamma}}$. Wird $\dfrac{L' \cdot \gamma'}{L \cdot \gamma} = t$ angenommen, wobei der Untermast etwas kürzer als der Obermast ist, dann ist $T' = \dfrac{T}{2}$. Zunächst wird dadurch Q, also auch der erforderliche Seilquerschnitt, größer; die Beanspruchung des Mastes erniedrigt sich aber in Deckshöhe von Form 3a, bei 60 cm Durchmesser, von 1615 auf 1217 kg/cm². Es ist angenommen, daß trotz Wegfall der Einspannung die mit der Knickbeanspruchung in Zusammenhang stehende Druckbeanspruchung in gleicher Weise wie vorher zu errechnen ist. Wie weit dies im Decks- und den anderen Querschnitten zutrifft, soll hier nicht untersucht werden.

Wird bei 2. ε kleiner, so wird auch die Ausbiegung und T entsprechend kleiner; damit wächst ebenfalls wieder Q und der Seilquerschnitt. War die Verringerung von ε Folge geringerer zulässiger Zugbeanspruchung k_z, so wird der Seilquerschnitt wegen des geringeren k_z und gleichzeitig wegen des größer gewordenen Q vergrößert werden müssen. War jedoch E für die Änderung von ε maßgebend, so ändert sich der Seilquerschnitt nur wegen des durch T vergrößerten Q. In den folgenden Rechnungsbeispielen ist einmal angenommen, daß E von $1{,}5 \cdot 10^6$ auf $0{,}75 \cdot 10^6$ verringert, ε also von 0,002 auf 0,004 erhöht wird, und zweitens wird statt Drahtseil Rund- oder Flacheisen angenommen, bei dem $\varepsilon = \dfrac{1100}{2{,}2 \cdot 10^6}$ $= 0{,}0005$ ist. Die neuen Spannungen für den gleichen Mast sind dann 2434 und 1033 kg/cm², gegenüber 1615 beim festeingespannten und 1317 beim nicht eingespannten. Für die übrigen Mastformen, -durchmesser und -querschnitte würden sich ähnliche Verhältnisse ergeben.

Aus den vorgenannten Spannungswerten folgt, daß der festeingespannte Mast erheblich stärker beansprucht wird als der frei durchs Deck hindurchgeführte. Bei kleinerem Elastizitätsmodul oder höherer zulässiger Beanspruchung des stehenden Gutes wächst die Spannung im Mast ganz bedeutend, während sie umgekehrt bei einem Baustoff des stehenden Gutes von geringerer zulässiger Zugbeanspruchung und höherem E sinkt. Diese Zusammenhänge sind außerordentlich wichtig: sie erfordern sorgfältige Berücksichtigung und eingehende Vergleichsrechnung über den Stoffaufwand für Mast und stehendes Gut, um die jeweils billigste Bauart herauszufinden.

Bei der Mastberechnung war auf S. 321 und später stillschweigend angenommen, daß $H = Q + T$ ist. Dies stimmt zunächst nur dann, wenn Q und T in gleicher Richtung wirken. Wie sich aus Abb. 33 ergibt, weichen die beiden Richtungen zuweilen recht erheblich voneinander ab; so ist die Abweichung für Fall 1 bei $\omega = 60°$ etwa 32°. Da aber im allgemeinen T erheblich kleiner ist als Q, ist der Fehler unbedeutend. Ist z. B. $T : Q = 1 : 4$, so ist bei 32° Abweichung $T + Q$ $= 0{,}974\,H$, bei $T : Q = 1 : 2$ ist $T + Q = 0{,}962\,H$. Hiernach ist also die Formel $H = Q + T$ für jede Richtung des Hangerzuges gültig, so daß nach endgültiger Festlegung von Mastdurchmesser, -form und -blechdicke die Querschnitte des stehenden Gutes berichtigt werden können.

Daß die Richtungen von Wantenzug und Mastausbiegung so stark voneinander abweichen, hat seinen Grund darin, daß außerhalb der Symmetrieebenen die im stehenden Gut auftretenden zum Hangerzug senkrechten Zugkraftanteile, die einander entgegenwirken, sich nur dadurch aufheben können, daß die einzelnen Seile des stehenden Gutes verschieden stark beansprucht werden. Andererseits kommt nicht nur ein Seil allein zum Tragen, sondern die übrigen werden auch mehr oder minder mit in Anspruch genommen. Wie weit nun hierbei die einzelnen Seile sich gegenseitig belasten oder entlasten, das läßt sich in einfacher Weise nur auf die hier benutzte Art ermitteln, nicht aber dadurch, daß man annimmt, jedes Seil werde dann am meisten beansprucht, wenn der Hangerzug in der Seilebene wirkt. So zeigen in Tabelle 18 die Werte von f_2 und f_3 bei $\omega = 60°$ deutliche Maxima, trotzdem sich dort keine Seilebene befindet.

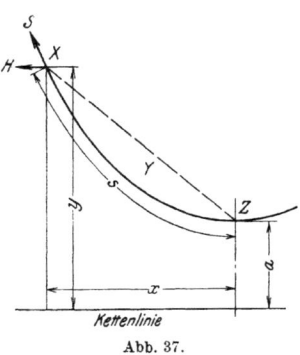

Abb. 37.

Die vorstehende Rechnungsweise ist ebenfalls sehr gut anzuwenden, wenn mehrere Seile in der gleichen Ebene angeordnet sind. Ihre Anwendung ist recht bequem, nachdem einmal die Werte von ε, ϑ, η errechnet sind, so daß Vergleiche zwischen verschiedenen Anordnungen ohne viel Mühe durchzuführen sind.

Zum Schluß sei noch eine wichtige Frage, der Einfluß des Eigengewichtes und der Vorspannung vom stehenden Gut, behandelt. Dieser Einfluß wird ja bei Mastberechnungen vernachlässigt; man muß sich aber einmal über seine Größenordnung ein Bild machen, wenn es auch nicht nötig ist, bei jeder Mastberechnung ihn zahlenmäßig in die Rechnung einzuführen.

Ist der Linienzug XYZ der Abb. 37 eine Kettenlinie, d. h. eine Linie, deren Verlauf eine Kette oder ein Seil ohne eigene Biegungsfestigkeit unter dem Einfluß des Eigengewichtes von γ kg/m und bei einer Horizontalkraft H annimmt, dann gelten folgende Gleichungen[9]):

$$a = \frac{H}{\gamma} = y_0, \tag{1}$$

$$y = a \cdot \mathfrak{Cof}\frac{x}{a}, \tag{2}$$

$$S = y \cdot \gamma, \tag{3}$$

$$s = a \cdot \mathfrak{Sin}\frac{x}{a}. \tag{4}$$

Aus diesen Formeln lassen sich einige für die Vorspannung wichtige Beziehungen ableiten. Ist ABC ein Stag (Abb. 38) mit den Koordinaten x_2, y_2; x, y; x_1, y_1, so ist

$$\operatorname{tg} DCA = \operatorname{tg} \chi = DA : DC = \frac{y_2 - y_1}{x_2 - x_1}. \tag{5}$$

Mit den Werten für y aus (2) wird nach Einführung von

$$x_2 : a = \psi_2, \tag{6}$$

$$x : a = \psi, \tag{7}$$

$$x_1 : a = \psi_1, \tag{8}$$

$$\operatorname{tg} \chi = a \cdot \frac{\operatorname{Cof} \psi_2 - \operatorname{Cof} \psi_1}{a(\psi_2 - \psi_1)} = \frac{\operatorname{Cof} \psi_2 - \operatorname{Cof} \psi_1}{\psi_2 - \psi_1}. \tag{9}$$

Wird

$$\psi_2 = \psi + \tau, \tag{10}$$

$$\psi_1 = \psi - \tau, \tag{11}$$

und daher

$$\psi_2 - \psi_1 = 2\tau \tag{12}$$

gesetzt, so wird

$$\operatorname{tg} \chi = \frac{\operatorname{Cof}(\psi + \tau) - \operatorname{Cof}(\psi - \tau)}{2\tau} = \operatorname{Sin} \psi \frac{\operatorname{Sin} \tau}{\tau}\ {}^{10}). \tag{13}$$

Wird die Strecke $CD = x_2 - x_1$ sehr klein, so wird

$$x_2 - x_1 = \Delta x, \tag{14}$$

$$\psi_2 - \psi_1 = \Delta \psi \tag{15}$$

und ferner aus Gleichung (2), (5) und (7):

$$\operatorname{tg} \chi = \frac{\Delta \operatorname{Cof} \psi}{\Delta \psi}. \tag{16}$$

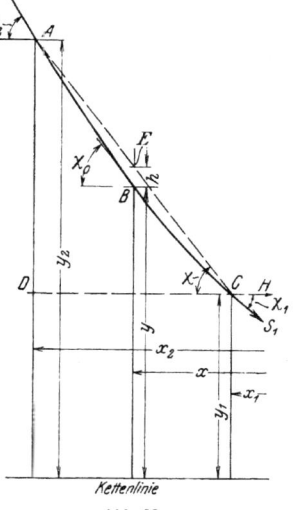

Abb. 38.

Wird ψ unendlich klein, dann wird

$$\operatorname{tg} \chi_0 = \frac{d \operatorname{Cof} \psi}{d \psi} = \operatorname{Sin} \psi. \tag{17}$$

Dann sind durch tg χ die Sehne der Kettenlinie, durch tg χ_0 die Tangente an die Kettenlinie im Punkte B bestimmt.

Der Durchhang $h = BE$ ist:

$$h = \frac{y_2 + y_1}{2} - y = a \cdot \frac{\operatorname{Cof}(\psi + \tau) + \operatorname{Cof}(\psi - \tau)}{2} - a \cdot \operatorname{Cof} \psi$$

$$= a \cdot \operatorname{Cof} \psi \cdot (\operatorname{Cof} \tau - 1); \tag{18}$$

da nach (2) und (8) $y = a \operatorname{Cof} \psi$, ergibt sich

$$h = y(\operatorname{Cof} \tau - 1), \tag{19}$$

und

$$\frac{h}{y} = \operatorname{Cof} \tau - 1. \tag{20}$$

Wird der Unterschied aus der Bogenlänge $ABC = s_2 - s_1$ und der Sehne AC mit t bezeichnet, dann ist

$$t = s_2 - s_1 - AC = a[\operatorname{Sin}(\psi + \tau) - \operatorname{Sin}(\psi - \tau) - \sqrt{\overline{AD}^2 + \overline{CD}^2}]$$

$$= a[\operatorname{Sin}\psi \operatorname{Cof}\tau + \operatorname{Cof}\psi \operatorname{Sin}\tau - \operatorname{Sin}\psi \operatorname{Cof}\tau + \operatorname{Cof}\psi \operatorname{Sin}\tau - \sqrt{(y_2-y_1)^2 + (x_2-x_1)^2}]$$

$$t = a[2\operatorname{Cof}\psi \operatorname{Cof}\tau - 2\sqrt{\operatorname{Sin}^2\psi \operatorname{Sin}^2\tau + \tau^2}] = 2a[\operatorname{Cof}\psi \operatorname{Sin}\tau - \sqrt{\operatorname{Sin}^2\psi \operatorname{Sin}^2\tau + \tau^2}]. \tag{21}$$

So sind die Werte, die für den Seildurchhang von Bedeutung sind, nämlich die Richtung der Sehne, die Richtung der Tangente an das Seilstück in der Mitte seiner Projektion auf die Wagerechte, der Durchhang in dieser Mitte sowie der Unterschied der Längen von Seilstück und Sehne durch Formeln bestimmt.

Wenn nun die in diesen Formeln bestimmten Werte zahlenmäßig ausgerechnet und in Kurven aufgetragen werden können, würde sich zur praktischen Verwertung folgender Weg ergeben:

Bekannt ist außer der Richtung der Sehne, die ja durch die beiden Endpunkte des zu untersuchenden Seils bestimmt ist, das Metergewicht γ. Wird für (1) $a = \dfrac{H}{\gamma}$ ein für die Rechnung bequemer Wert, z. B. 1000 m, genommen, so ergibt sich daraus für jedes vorkommende γ zunächst ein ganz bestimmtes H. Aus (12) sowie (6) und (8) folgt:

$$2\tau = \psi_2 - \psi_1 = \frac{x_2}{a} - \frac{x_1}{a} = \frac{x_2 - x_1}{a}. \qquad (22)$$

Wird für $x_2 - x_1$ der Wert 20 m, der in der Nähe der meist vorkommenden Größe der Stagprojektion liegt, genommen, so ist $2\tau = \dfrac{20}{1000} = 0{,}02$; $\tau = 0{,}01$. Werden für $\psi = \dfrac{x}{a}$, Gleichung (7), einzelne Zahlenwerte eingesetzt und dann nach Gleichung (21) die Werte für $\dfrac{t}{a}$ errechnet und zusammen mit den Werten von $\mathfrak{Sin}\,\psi$ und $\mathfrak{Cos}\,\psi$ als Funktionen von ψ im Schaubild aufgetragen, so lassen sich zu irgendeinem ψ die zugehörigen Werte abgreifen. Es genügt, für ψ die Werte von 0 bis 4,4 zu nehmen; letzterer ergibt für tg χ_0 den Wert 40,72. Das entspricht bei 16 m Masthöhe über Deck einer Entfernung des Wantfußes vom Mast von rd. 0,39 m; damit genügt dieser Endwert allen im Schiffbau vorkommenden Anforderungen. Als wagerechte Kathete von tg χ_0 ist natürlich immer die in der senkrechten Ebene durch Want- und Mastfuß gemessene Strecke zu nehmen, und nicht etwa der Abstand des Mastfußes von der Verbindungslinie von zwei gegenüberliegenden Wantfüßen, also x und nicht w (Abb. 39).

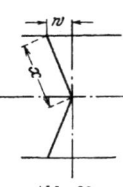

Abb. 39.

Aus den auf Abb. 40 dargestellten Schaulinien lassen sich, wenn einige Werte gegeben sind, die übrigen ablesen. An einem Beispiel werde die Benutzung des Schaubildes gezeigt:

Ein Fockstag von $5''$ Umfang hat ein Gewicht von 5,60 kg/m; sein Angriffspunkt am Mast liege 16 m über Deck, sein Fußpunkt entsprechend dem angenommenen $\tau = 0{,}01$ und $a = 1000$ m 20 m vom Mast entfernt. Dann ist tg $\chi_0 = 0{,}8$. Nach (13) und (17) ist, da τ sehr klein, auch tg $\chi = \mathfrak{Sin}\,\psi = 0{,}8$. Dazu gehört $\psi = 0{,}732$, also ist $x = 0{,}732 \cdot 1000 = 732$ m. Nach (2) und (7) ist $y = a \cdot \mathfrak{Cos}\,\psi$; zu $\psi = 0{,}732$ gehört $\mathfrak{Cos}\,\psi - \mathfrak{Sin}\,\psi = 0{,}481$, woraus sich $\mathfrak{Cos}\,\psi$ zu 1,281 ergibt; dann ist $y = 1281$ m. Der Wert $\mathfrak{Cos}\,\psi - \mathfrak{Sin}\,\psi$ liefert genauere Ablesungen, als wenn $\mathfrak{Cos}\,\psi$ unmittelbar abgemessen würde, weil ersterer mit wachsendem ψ nur allmählich von 1 abnimmt und daher einen größeren

Maßstab gestattet. Nach Gleichung (18) ist $h = y\,(\mathfrak{Cos}\,\psi - 1)$; da $\mathfrak{Cos}\,\psi - 1 = 0{,}00005$ ist, ist auch $h = 1281 \cdot 0{,}00005 = 6{,}4\,\text{cm}$. t ist nach dem Schaubild $2 \cdot 1000 \cdot 26 \cdot 10^{-8} = 0{,}52\,\text{cm}$. Ferner ist nach Gleichungen (2), (3) und (6) $S = a \cdot \mathfrak{Cos}\,\psi_2 \cdot \gamma = 1000 \cdot 1{,}281 \cdot 5{,}60 = 7210\,\text{kg}$. H ist nach Gleichung (1) $= 1000 \cdot 5{,}60 = 5600\,\text{kg}$, und die Richtung der Tangente an die Kettenlinie im Angriffspunkt von H, $\operatorname{tg}\chi_2 = \mathfrak{Sin}\,\psi_2 = 0{,}811$, χ_2 also $= 39°\,3'$. Da nun $H : S = \cos\chi_2$, ergibt sich andererseits $S = 5600 : 0{,}777 = 7210\,\text{kg}$. Diese

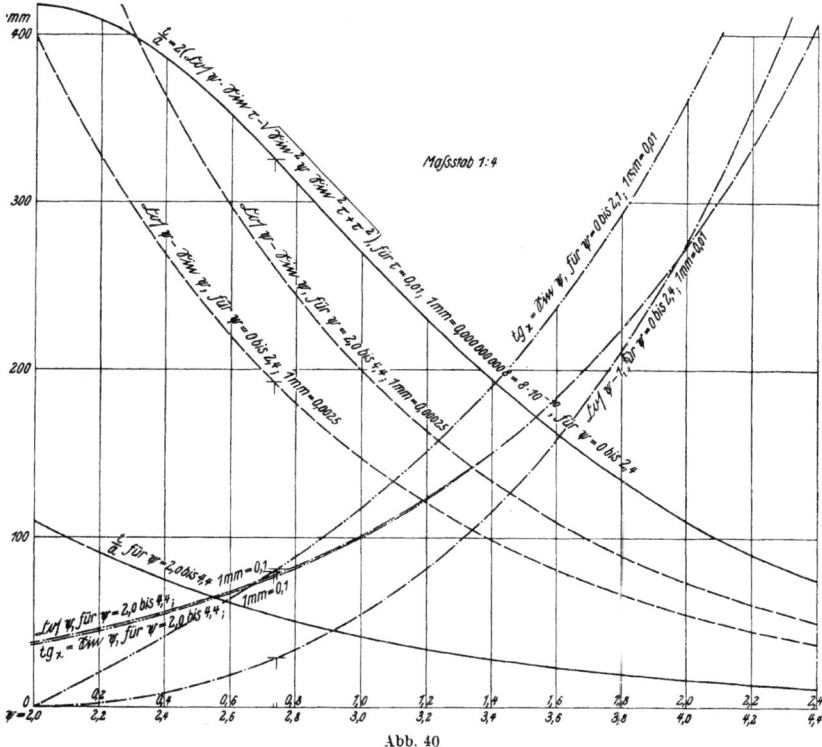

Abb. 40

doppelte Rechnung gibt die gleichen Werte, ein Zeichen, daß die Darstellungsweise der Zahlenwerte im Schaubild genügt.

Es werden nun der zu $a = 1000\,\text{m}$ und $\tau = 0{,}01$ sowie dem jeweiligen γ gehörende H-Wert, und ebenfalls die übrigen Werte, natürlich nicht gerade der gegebene oder gesuchte Wert sein, und ebensowenig wird der mit 20 m angenommene Wert von $x_2 - x_1$ das richtige Maß sein. Daher müssen noch jedesmal Berichtigungen der beiden Werte von a und τ vorgenommen werden. Für diese Untersuchung ist wiederum gegeben die Lage der beiden Endpunkte des Stages, sowie sein γ. Es sei irgendeine Kraft H angenommen, die zusammen mit γ einen von 1000 m abweichenden Wert von a ergibt. Unbeeinflußt bleibt natürlich $\operatorname{tg}\chi$, die Richtung der Sehne der Kettenlinie; da nun nach dem Beispiele $\dfrac{\mathfrak{Sin}\,\tau}{\tau}$ von 1 kaum abweicht, kann $\operatorname{tg}\chi_0$ auch als unveränderlich angenommen werden, so daß auch $\mathfrak{Sin}\,\psi$ und ψ als unverändert angesehen werden können. Die übrigen Werte sind aber alle von a abhängig: es ist $x = a \cdot \psi$, $y = a \cdot \mathfrak{Cos}\,\psi$. Ferner ändert sich auch τ mit a, da $x_2 - x_1 = \tau \cdot 2a$, und zwar, da die Strecke $x_2 - x_1$ als Stagprojektion ihre Größe beibehält, im umgekehrten Verhältnis von a. Dementsprechend sind die von τ abhängigen Werte abzuändern, wie:

$$S = a\,\mathfrak{Cos}(\psi + \tau);\quad h = y \cdot (\mathfrak{Cos}\,\tau - 1);\quad t = 2a\,(\mathfrak{Cos}\,\psi\,\mathfrak{Sin}\,\tau - \sqrt{\mathfrak{Sin}^2\psi \cdot \mathfrak{Sin}^2\tau - \tau^2})$$

Die Werte, die von a und τ abhängig sind, bedürfen somit einer doppelten Berichtigung. Während nun a mit den von ihm abhängigen Werten linear durch Multiplikation verbunden ist, so daß a in diesen in Schaulinien aufgetragenen Werten nicht enthalten zu sein braucht und daher eine eigentliche Umrechnung nicht erforderlich ist, ist die Umrechnung bei τ schwieriger, weil in den von ihm abhängigen Werten seine Hyperbelfunktionen enthalten sind. Es ist daher zunächst zu untersuchen, in welcher Weise sich diese τ-Funktionen mit τ ändern. Es handelt sich in erster Linie um die Werte $\dfrac{\mathfrak{Sin}\,\tau}{\tau}$ und t; aber auch beim Werte von $\mathfrak{Cos}\,\tau - 1$ wird zweckmäßig die Abhängigkeit untersucht, während bei S einfacher nach Ermittlung von τ, aus $\psi\,\mathfrak{Cos}\,\psi_2 = \mathfrak{Cos}(\psi + \tau)$ unmittelbar abgelesen wird.

Zur Ermittlung dieser Berichtigungen muß zunächst näher auf die Formeln zur Berechnung der Hyperbelfunktionen eingegangen werden, da aus ihnen sich einfache Beziehungen für die Umrechnung ableiten lassen. Es ist:

$$\mathfrak{Sin}\,\xi = \xi + \frac{\xi^3}{3!} + \frac{\xi^5}{5!} + \cdots, \tag{23}$$

daraus

$$\frac{\mathfrak{Sin}\,\xi}{\xi} = 1 + \frac{\xi^2}{3!} + \frac{\xi^4}{5!} + \cdots; \tag{24}$$

ferner ist

$$\mathfrak{Cos}\,\xi = 1 + \frac{\xi^2}{2!} + \frac{\xi^4}{4!} + \cdots \tag{25}$$

Wird für den in Gleichung (13) vorkommenden Ausdruck $\dfrac{\mathfrak{Sin}\,\tau}{\tau}$ nur das erste Glied mit τ berücksichtigt, dann ist

$$\frac{\mathfrak{Sin}\,\tau}{\tau} = 1 + \frac{\tau^2}{3!} = 1 + 0{,}167\,\tau^2. \tag{26}$$

Für $\tau = 1{,}0$ sei untersucht, wie weit der vorstehende Wert vom richtigen abweicht:

$$\frac{\mathfrak{Sin}\,1}{1} = \mathfrak{Sin}\,1 = 1{,}17520$$

$$1 + 0{,}16667 \cdot 1^2 = 1{,}16667$$
$$\text{Unterschied} = 0{,}00853;\qquad \frac{0{,}00853}{1{,}17520} = 0{,}72\,\%$$

Bei $\tau = 1{,}0$ beträgt also der Fehler der Annäherungsrechnung weniger als 1%. Da τ immer kleiner als 1 sein wird, genügt obige Formel für die Umrechnung auf das jeweilige τ; es ist also

$$\operatorname{tg}\chi = \operatorname{tg}\chi_0\,(1 + 0{,}167\,\tau^2). \tag{27}$$

Beiträge zur Berechnung von Lademasten. 331

Für den in Gleichung (19) vorkommenden Wert $\mathfrak{Cof}\,\tau - 1$ sind die Zahlenwerte im Schaubild aufgetragen. Für Rechnungen mit kleinen Werten soll jedoch die Formel gegeben werden: Nach Gleichung (25) ist

$$\mathfrak{Cof}\,\tau - 1 = \frac{\tau^2}{2!} + \frac{\tau^4}{4!} + \cdots$$

Wird wieder nur das erste Glied berücksichtigt, dann ist

$$\mathfrak{Cof}\,\tau - 1 = \frac{\tau^2}{2} = 0{,}5\,\tau^2$$

Für $\tau = 0{,}5$ ist der richtige Wert $= 0{,}1276$
der angenäherte $= 0{,}5 \cdot 0{,}5^2\ \ = 0{,}1250$
Unterschied $= 0{,}0026$;

der Fehler ist $\frac{0{,}0026}{0{,}1276} = 2\%$, könnte also noch vernachlässigt werden; doch geben die Ablesungen aus dem Schaubild schon genügend genaue Werte.

Um für den in Gleichung (21) angegebenen Wert von t den Einfluß der Veränderung von τ festzustellen, müssen, da $\mathfrak{Sin}\,\psi$ mit $\mathfrak{Sin}\,\tau$ und τ unter der Wurzel vorkommt, außer verschiedenen τ-Werten auch mehrere ψ-Werte angenommen werden; letztere seien: 1. $\psi = 0{,}0$; 2. $\psi = 1{,}0$; 3. $\psi = 4{,}4$. Für τ werde genommen: a) $\tau = 0{,}01$; b) $\tau = 0{,}1$; c) $\tau = 1{,}0$. Dann ergibt sich für $\frac{t}{2a}$ bei

		1	2	3
	$\psi =$	0,0	1,0	4,4
und	$\tau =$ a) 0,01	0,000 000 167	0,000 000 11	0,000 000 0
	b) 0,1	0,000 167	0,000 106 8	0,000 003
	c) 1,0	0,175 2	0,108 3	0,003 98

Diese Werte entsprechen mit geringer Abweichung der Formel:

$$\frac{t}{2a} = z\left(\frac{\tau}{\tau_0}\right)^3,$$

wenn z der für $\tau = 0{,}01$ errechnete Wert von $\frac{t}{2a}$ ist. Die größte Abweichung

Tabelle 25. Formeln für die Kettenlinie.

1	a	$= \dfrac{H}{\gamma}$	
2	x	$= a \cdot \psi$	
3	y	$= a \cdot \mathfrak{Cof}\,\psi$	
4	S	$= a \cdot \mathfrak{Cof}\,(\psi \pm \tau) \cdot \gamma$	
5	s	$= a \cdot \mathfrak{Sin}\,\psi$	
6	$\operatorname{tg}\chi_0$	$= \mathfrak{Sin}\,\psi$	
7	$\operatorname{tg}\chi$	$= \mathfrak{Sin}\,\psi \cdot \dfrac{\mathfrak{Sin}\,\tau}{\tau}$	$1 + 0{,}00001667 \cdot v^2$
7a	$\operatorname{tg}\chi_{2(1)}$	$= \mathfrak{Sin}\,(\psi \pm \tau)$	
8	h	$= a \cdot \mathfrak{Cof}\,\psi \cdot (\mathfrak{Cof}\,\tau - 1)$	S. · 9
9	η	$= \dfrac{h}{y} = \mathfrak{Cof}\,\tau - 1$	$0{,}00005 \cdot v^2$
10	$t : a$	$= 2[\mathfrak{Cof}\,\psi \cdot \mathfrak{Sin}\,\tau - \sqrt{\mathfrak{Sin}^2\,\psi\,\mathfrak{Sin}^2\,\tau + \tau^2}]$	$z \cdot v^3$

ist bei 1 c) $=\dfrac{0{,}1752 \cdot 0{,}01^3 - 0{,}1667 \cdot 0{,}01^3}{0{,}1667 \cdot 0{,}01^3} = 5{,}1\%$. So hohe Werte von τ dürften aber kaum vorkommen, so daß auch diese Vereinfachung berechtigt ist.

Die Verhältniswerte, mit denen sich die von τ abhängigen Werte bei verändertem τ ändern, sind somit festgelegt, so daß es hiernach möglich ist, sämtliche vorkommenden Rechnungen auszuführen. Der Übersichtlichkeit halber sind die Hauptformeln mit den ermittelten Abänderungsabhängigkeiten in Tabelle 25 zusammengestellt; es bedeutet $\nu = \dfrac{\tau}{\tau_0}$.

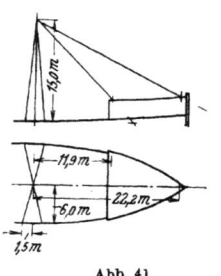

Abb. 41.

Mit Hilfe dieser Formeln soll nun untersucht werden, welche Kräfte ein Fockstag auf die nach hinten zeigenden Wanten nur durch sein Eigengewicht ausübt. Es gelte die auf S. 20 gewählte Anordnung von Fockstag und Wanten (Abb. 41); der Übersichtlichkeit halber seien zunächst die vorderen Wanten und die Backstage weggelassen.

Für Stage und Wanten sei eine Stärke von 5″ mit $\gamma = 5{,}60$ kg/m angenommen. Bei einer Nutzbeanspruchung von 3000 kg/cm² ist der zulässige Seilzug 19,02 t; $^1/_5$—$^1/_6$ davon als Vorspannung sind 3,44 t. Aus $\operatorname{tg} \chi \sim \operatorname{tg} \chi_0 = 0{,}5 = \mathfrak{Sin}\,\psi$ folgt $\chi_0 = 26°\,30'$ und $\psi = 0{,}481$. Wird nun zur Ermittlung von $\psi_2 = \psi + \tau$ angenommen, daß $a = 1000$ m sei, dann ist

$$\tau = \dfrac{22{,}2}{2 \cdot 1000} = 0{,}011;\quad \psi_2 = 0{,}481 + 0{,}011 = 0{,}492\,.$$

Daraus:
$$\operatorname{tg} \chi_2 = \mathfrak{Sin}\,0{,}492 = 0{,}512;\quad \chi_2 = 27°\,10'.$$

Da $H = S \cdot \cos \chi_2$, ist $H = 3{,}44 \cdot 0{,}8897 = 3{,}06$ t; $a = \dfrac{H}{\gamma} = \dfrac{3{,}06}{0{,}0056} = 547$ m. Mit diesem neuen a ist die Rechnung zu wiederholen:

$$\tau = \dfrac{11{,}1}{547} = 0{,}0203,\quad \psi_2 = 0{,}481 + 0{,}020 = 0{,}501;\quad \operatorname{tg} \chi_2 = \mathfrak{Sin}\,\psi_2 = 0{,}522;$$

$\chi_2 = 27°\,40'$, $\cos \chi_2 = 0{,}8857$, und $H = 3{,}44 \cdot 0{,}8857 = 3{,}051$ t; $a = \dfrac{3{,}051}{0{,}0056} = 544{,}8$ m.

Dieser zweite Wert deckt sich auf 0,4% mit dem zuerst errechneten von 547 m, die erste Annäherung darf daher als hinreichend genau angesehen werden. Der Durchhang ist $h = a \cdot \mathfrak{Cos}\,\psi \cdot (\mathfrak{Cos}\,\tau - 1)$; nach S. 32 ist $\mathfrak{Cos}\,\tau - 1$ für

$\tau = 0{,}0202 = 0{,}5 \cdot 0{,}0202^2 = 0{,}000204$; $h = 547 \cdot 1{,}118 \cdot 0{,}000204 = 0{,}125$ m $= 12{,}5$ cm.

Rechtwinklig zur Sehne beträgt die Abweichung des Stages:

$$h \cdot \cos 26°\,30' = 12{,}5 \cdot 0{,}8949 = 11{,}2\text{ cm}.$$

Die Verlängerung des Seiles gegenüber der Sehne beträgt nach dem Schaubild für $\tau = 0{,}01$:

$$t = 547 \cdot 0{,}000000296,\quad \text{für}\quad \tau = 0{,}0202\quad \text{ist}\quad t' = t \cdot 2{,}03^3 = 0{,}00133 = 1{,}33\text{ mm}.$$

Nach
$$S = a \cdot \mathfrak{Cof}\,(\psi + \tau) \cdot \gamma \quad \text{ist} \quad S = 547 \cdot \mathfrak{Cof}\,0{,}492 \cdot 5{,}6,$$
für
$$\psi_2 = 0{,}492 \quad \text{ist} \quad \mathfrak{Cof}\,\psi_2 - \mathfrak{Sin}\,\psi_2 = 0{,}613;$$
da
$$\mathfrak{Sin}\,\psi_2 = 0{,}512$$
ist, ist auch
$$\mathfrak{Cof}\,\psi_2 = 0{,}512 + 0{,}613 = 1{,}125; \quad S = 545 \cdot 1{,}125 \cdot 5{,}6 = 3{,}435\,\text{t}.$$

Auch hier ist wieder vollkommene Übereinstimmung mit dem Ausgangswerte von $S = 3{,}44$ t. Es empfiehlt sich, diese Nachprüfung jedesmal vorzunehmen, da so mit Sicherheit Fehler im Rechnungsgang festgestellt werden können.

Soll nun durch Vorspannung und Eigengewicht des Seiles der Mast nicht ausgebogen, also nicht auf Biegung beansprucht werden, so muß der wagerechte Zug des Fockstages durch die beiden hinteren Wanten aufgenommen werden. Da Fockstag und Wanten je zwei Seile haben, genügt es, für diese Rechnung nur je eins einzubeziehen. Die Wanten greifen unter

$$w = \operatorname{arctg}\frac{0{,}4}{0{,}1} = 76°$$

an, daher ist die von jedem Want (B.-B. und St.-B.) aufzunehmende Horizontalkraft

$$H_w = \frac{H}{2 \cdot \cos 76°} = \frac{H}{2 \cdot 0{,}2588} = 1{,}932\,H = 5{,}919\,\text{t}.$$

Wird nun statt des Winkels χ beim Fockstag für die Wanten der Winkel ξ eingeführt, so ist

$$\operatorname{tg}\xi = \frac{1}{\sqrt{0{,}4^2 + 0{,}1^2}} = 2{,}425 = \mathfrak{Sin}\,\psi; \quad \psi = 1{,}622.$$

$$a \text{ ist } \frac{H_w}{\gamma} = \frac{5919}{5{,}6} = 1057\,\text{m}, \quad \tau = \frac{0{,}422 \cdot 15}{2 \cdot 1057} = 0{,}002995 \infty 0{,}003;$$

$$\psi_2 = \psi + \tau = 1{,}622 + 0{,}003 = 1{,}625;$$

$$\operatorname{tg}\xi_2 = \mathfrak{Sin}\,1{,}625 = 2{,}432, \quad \xi_2 = 67°\,39'.$$

Dann ist
$$S = \frac{H_w}{\cos 67°\,39'} = \frac{5919}{0{,}3803} = 15560\,\text{kg}.$$

Andererseits ist
$$S = 1057 \cdot \mathfrak{Cof}\,1{,}625 \cdot 5{,}60 = 1057 \cdot 2{,}638 \cdot 5{,}60 = 15615 \text{ (statt 15560) kg}.$$

Der Durchhang beträgt
$$h = 1057 \cdot \mathfrak{Cof}\,1{,}598 \cdot (\cos\tau - 1);$$
$$\mathfrak{Cof}\,1{,}622 = 2{,}631, \quad \mathfrak{Cof}\,\tau - 1 \text{ bei } \tau = 0{,}003 = 0{,}00005 \cdot 0{,}3^2 = 0{,}0000045.$$
$$h = 1057 \cdot 2{,}631 \cdot 0{,}0000045 = 0{,}0125\,\text{m} = 1{,}25\,\text{cm};$$

die Abweichung rechtwinklig zur Sehne gemessen ist
$$1{,}25 \cdot \cos 67°\,39' = 0{,}475\,\text{cm}.$$

t ist $1057 \cdot 0{,}000\,000\,130 \cdot 0{,}3^3 = 0{,}000\,037\,1\,\text{m} = 0{,}003\,71\,\text{mm}.$

Der im Want durch Eigengewicht und Vorspannung des Fockstages auftretende Zug erreicht also nahezu die zulässige Belastung von 19,02 t. Tritt nun noch der Zug durch die vorderen Wanten sowie die Backstage hinzu, so wird der Zug noch viel größer. Bei den Backstagen ist, wenn hier ϱ statt χ gesetzt wird,

$$\operatorname{tg} \varrho = \frac{1}{\sqrt{1 + 0{,}4^2}} = 0{,}929 = \mathfrak{Sin}\,\psi, \quad \psi = 0{,}830, \quad \varrho = 42°50'.$$

Wird $a = 1000$ m angenommen, dann ist, da die Länge der Backstage $= 12{,}82$ m,

$$\tau = 0{,}0064, \quad \psi_2 = 0{,}8364; \quad \operatorname{tg} \varrho_2 = \mathfrak{Sin}\,\psi_2 = \mathfrak{Sin}\,0{,}8364 = 0{,}938; \quad \operatorname{tg} \varrho_2 = 43°10'.$$

$$H = S \cdot \cos \varrho_2 = 3{,}44 \cdot 0{,}7314 = 2516 \text{ kg},$$

daraus

$$a = \frac{H}{\gamma} = \frac{2516}{5{,}6} = 449 \text{ m}.$$

Dann wird

$$\tau = \frac{6{,}41}{449} = 0{,}0143; \quad \psi_2 = 0{,}844, \quad \operatorname{tg} \varrho_2 = \mathfrak{Sin}\,0{,}844 = 0{,}947; \quad \varrho_2 = 43°30';$$

$$H = 3{,}44 \cdot 0{,}725 = 2495 \text{ kg}.$$

Zur Nachprüfung wird

$$S = a \cdot \mathfrak{Cof}\,\psi_2 \cdot \gamma$$

ermittelt:

$$S = 449 \cdot \mathfrak{Cof}\,1{,}378 \cdot 5{,}6 = 3{,}46 \text{ t};$$

auch hier ist der Ausgangswert wieder erreicht.

Die beiden von den Backstagen herrührenden Kräfte setzen sich zu einer Mittelkraft zusammen, die sich wieder auf die beiden hinteren Wanten verteilt. Die von jedem Want aufzunehmende wagerechte Kraft hat die Größe $2495 \cdot \dfrac{\sqrt{0{,}17}}{\sqrt{1{,}17} \cdot 0{,}1} = 9778$ kg. Wie zur Aufnahme der vom Fockstag herrührenden Horizontalkraft von $5{,}919$ t ein Wantenzug von $15{,}25$ t nötig war, so ergibt entsprechend die Kraft von $9{,}78$ t eine Wantkraft von $25{,}19$ t. Ganz genau stimmt dieser Wert nicht, da mit verändertem a infolge anderen Wertes von H auch τ und damit ψ sich ändert; doch mag für diese überschlägliche Rechnung die Annäherung genügen. Die Vorspannung des vorderen Wantes kann, da sie im symmetrisch liegenden hinteren Want den gleichen Zug hervorruft, ohne weiteres addiert werden.

Das vor dem Mast angebrachte stehende Gut übt also auf jedes hintere Want einen Zug von $15{,}25 + 25{,}19 + 3{,}44 = 43{,}88$ aus, das sind 130% über die zulässige Nutzlast von $19{,}02$ t. Danach darf die Vorspannung gar nicht so weit getrieben werden; andererseits nimmt bei kleinerer Vorspannung der Wert t erheblich zu, der neben der Strecke Δl für die Ausbiegung des durch eine Hangerkraft belasteten Mastes maßgebend ist. Durch besondere Rechnung mit Hilfe der bereits gegebenen Formeln und Zahlenwerte läßt sich der gegenseitige Einfluß von Durchhang und Dehnung feststellen.

Daß die Vorspannung des nach vorn zeigenden stehenden Gutes infolge seines Eigengewichtes für die hinteren Wanten oft zu hoch wird, läßt sich bei den meisten Schiffen beobachten, deren Masten übermäßig lang und nach Herkommen mit der bei Segelschiffen üblichen und erforderlichen Takelung versehen sind. Auf S. 319 war gezeigt worden, daß selbst für den 40 t-Baum die Stage schwächer sein können als die Wanten. Das Anbringen von überflüssigen oder übermäßig starken Stagen bedeutet also nicht nur eine Verschwendung von hochwertigem Material, sondern außerdem noch eine Überlastung der hinteren Wanten. Es sei deshalb empfohlen, der Vorspannung des stehenden Gutes mehr Aufmerksamkeit als bisher zu widmen.

Der unmittelbare Wert der vorliegenden Arbeit soll in der Festlegung von neuen Rechnungswegen und Zahlenwerten zur Berechnung von Lademasten liegen, so daß einmal genauer und einfacher als bisher solche Rechnungen durchgeführt, und ferner Vergleiche zwischen überlieferter und neuerer Ausführung angestellt werden können. Darüber hinaus sollte aber gezeigt werden, daß es mit verhältnismäßig einfachen Mitteln der Wissenschaft möglich ist, das bisher als schwer zugänglich angesehene Gebiet der Mastberechnung zu erschließen, und es sollte so zu ausgiebigerer Anwendung von Festigkeitsrechnungen im Schiffbau zur Erzielung von Stoffersparnis angeregt werden.

Quellennachweis.

[1] Meyer: Über die Lade- und Löscheinrichtungen der Frachtschiffe. Schiffbau, XXI. Jahrgang Hefte 35, 36, 39, 40.
[2] Woernle: Ist die heutige Berechnungsweise der Drahtseile zulässig? Bericht des Karlsruher B.-V. des V. d. I., 1919, S. 19.
[3] Wahl: Schiffbau, XIX. Jahrgang, Heft 9, S. 175, Zuschrift.
[4] Hirschland: Über die Formänderung von Drahtseilen. Dissertation Hannover 1909, S. 13, Tab. 13.
[5] Hütte I, 18. Auflage, S. 376/377.
[6] ebenda, S. 424.
[7] ebenda, S. 429.
[8] Krohn: Zulässige Beanspruchung von Flußeisen in Bauwerken. Zentralbl. d. Bauverwaltung 1917, S. 436 (25. Aug.).
[9] Föppl, Vorlesungen über technische Mechanik, 2. Bd., S. 83 ff.
[10] Ligowski: Tafeln der Hyperbelfunktionen und Kreisfunktionen, nebst einem Anhange. Berlin. Ernst & Sohn, 1890, S. 100.

Ferner:
Geyer: Ein Beitrag zur Berechnung von Masten. Schiffbau, XVIII. Jahrgang, Heft 10.
Siemann: Beitrag zur Mastberechnung. Schiffbau, XX. Jahrgang, Heft 18 (9. Juli 1919).

MIX
Papier aus verantwortungsvollen Quellen
Paper from responsible sources
FSC® C105338

If you have any concerns about our products, you can contact us on
ProductSafety@springernature.com

In case Publisher is established outside the EU, the EU authorized representative is:
**Springer Nature Customer Service Center GmbH
Europaplatz 3, 69115 Heidelberg, Germany**

Printed by Libri Plureos GmbH
in Hamburg, Germany